HISTOIRE MÉTÉOROLOGIQUE D'ABBEVILLE

OU

RÉSUMÉ DES OBSERVATIONS MÉTÉOROLOGIQUES

FAITES EN CETTE VILLE, DE 1840 A 1860

HISTOIRE MÉTÉOROLOGIQUE D'ABBEVILLE

OU

RÉSUMÉ

DES

OBSERVATIONS MÉTÉOROLOGIQUES

FAITES EN CETTE VILLE, DE 1840 A 1860

PAR

A. HECQUET

D. M. P.

Ex Professeur particulier de Toxicologie et de matière médicale, Médecin des Enfants trouvés,
Lauréat de l'Académie impériale de Médecine de Paris, Lauréat de la Société Médicale
d'Amiens, Membre du Conseil d'hygiène et de salubrité du département de
la Somme, Inspecteur des Pharmacies, Membre correspondant
de plusieurs Sociétés savantes.

Mémoire publié par la Société impériale d'Emulation d'Abbeville

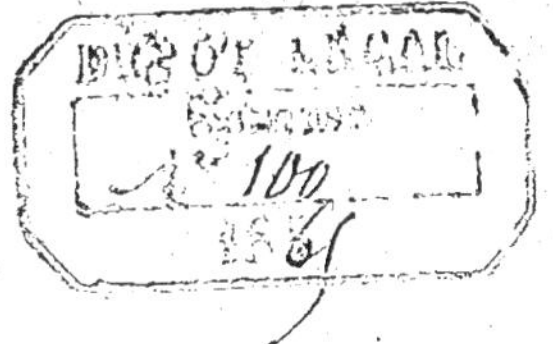

ABBEVILLE

IMPRIMERIE P. BRIEZ

1864

INTRODUCTION

Il y a environ quatre ans (1er juin 1860), Monsieur le Président de la Société d'Émulation d'Abbeville recevait de Son Excellence Monsieur le Ministre de l'Instruction publique, une lettre destinée à toutes les Sociétés savantes, dont voici la teneur :

« Monsieur le Président, je vous ai adressé, il y a quelques mois, deux lettres relatives au *Dictionnaire géographique de la France* et au *Répertoire d'archéologie ;* je viens vous communiquer aujourd'hui le plan d'un troisième ouvrage qui, sous le titre de *Description scientifique de la France,* doit compléter l'ensemble de la vaste

1.

publication nationale dont j'ai conçu la pensée, et à l'exécution de laquelle j'attache le plus haut prix.

« Décrire la France d'une manière exacte mais sommaire, sous le rapport géologique, zoologique, botanique, météorologique et statistique, tel est l'objet général de l'ouvrage qui aura pour titre *Description scientifique de la France*. J'ai décidé de prendre pour base de division de ce livre les départements de l'Empire français, cette division géographique répondant aux habitudes générales de notre société, aussi bien qu'à l'état politique et administratif du pays. D'après ce système, il y aura donc à décrire successivement chaque département sous les différents rapports énumérés plus haut, c'est-à-dire aux points de vue géologique, zoologique, botanique, météorologique et statistique.

« Cet ouvrage sera précédé d'une *Introduction* dans laquelle on s'appliquera à faire connaître, d'une manière générale, la France sous le rapport scientifique. Rapprochés des descriptions locales de chaque département, ces *prolégomènes* compléteront l'ensemble de la monographie scientifique de la France. En effet, dans le corps de l'ouvrage, on trouvera les études spéciales relatives à la flore, à la faune, à la partie géologique, à la statistique de chaque département; en tête, seront les considérations d'ensemble et ces vues générales auxquelles il faut s'élever pour donner une idée exacte d'un pays au point de vue scientifique. Ces considérations générales sur la constitution physique du sol de la

France, sur les animaux et les plantes que l'on y ren
contre, sur son climat, sur sa statistique, etc., seront le
résumé synthétique de tous les faits et de toutes les
études exposées dans le reste du livre.

« Pour mettre la *Description scientifique de la France*
en harmonie avec les deux autres publications qui lui
sont corrélatives, et qui sont confiées aux deux autres
sections du comité, savoir : le *Dictionnaire géographique
de la France* et le *Répertoire d'archéologie*, qui procèdent
tous les deux par l'ordre alphabétique, les descriptions
scientifiques de nos divers départements seront rangées
dans l'ordre de l'alphabet. Dans ce but, chaque département sera publié par fascicule isolé, au fur et à mesure
de sa terminaison. Chaque fascicule ayant sa pagination
spéciale, rien ne sera plus facile, l'ouvrage une fois
terminé, que de placer chaque département à son rang
alphabétique. Ainsi seront conciliées la promptitude, la
régularité de cette publication, avec l'ordre de succession que doivent offrir ses différentes parties.

« Une commission choisie dans le sein de la Section
des sciences du *Comité des travaux historiques et des
sociétés savantes* sera chargée de composer l'*Introduction*
de cet ouvrage. Quant aux monographies scientifiques
des départements, je désire les confier aux sociétés
savantes de ces mêmes départements et aux correspondants que j'ai attachés à mon ministère.

« Tous les travaux envoyés par les sociétés savantes
pour concourir à la *Description scientifique de la France*

porteront la signature de leur auteur, le nom de l'auteur devant donner à son travail une recommandation nouvelle et souvent une signification spéciale.

« Je vous prie, Monsieur le Président, de vouloir bien communiquer les vues que je viens de vous faire connaître à Messieurs les membres de la société savante que vous dirigez, en leur demandant de vouloir bien s'occuper sans délai de la description scientifique de votre département. . . . .

. . . . »

Nous étant occupé d'une manière spéciale et depuis plusieurs années de la topographie physique et médicale du département de la Somme , et ayant déjà publié, en 1857, une topographie d'Abbeville (1), Monsieur le Président de la Société d'Émulation voulut bien nous confier les programmes, en nous invitant à nous occuper sans délai de la description scientifique de notre arrondissement.

Malgré les nombreux documents que nous avions amassés depuis dix ans sur la météorologie, l'hydrologie, la statistique, la zoologie, la zoothecnie, la botanique (et, en particulier, sur la cryptogamie), nous avons hésité un instant avant d'entreprendre un travail aussi long et aussi difficile. Enfin, nous nous sommes mis à l'œuvre,

(1) *Topographie de la ville d'Abbeville*, ouvrage honoré d'une médaille d'or par la Société Médicale d'Amiens. (Extrait des *Mémoires de la Société Médicale d'Amiens*). Amiens, 1857.

et après dix-huit mois d'un travail assidu, auquel nous avons consacré tous nos instants de loisirs et bien des veilles, Monsieur le Président est venu nous communiquer (le 19 décembre 1861), une nouvelle lettre de Son Excellence Monsieur le Ministre de l'Instruction publique, qui, cette fois, nous engageait à suspendre nos études et nos recherches : la *Description scientifique de la France* se trouvant, disait cette lettre, momentanément suspendue par suite de *difficultés d'exécution et de modifications à introduire dans les programmes.*

Depuis cette époque, la Société d'Émulation n'a point reçu de nouveaux programmes. La publication de cet important ouvrage restant donc toujours momentanément suspendue, nous profitons de l'impression des *Mémoires* de la Société d'Émulation pour publier quelques fragments de notre travail. Nous commencerons par donner un résumé complet de nos recherches et de nos observations sur la météorologie d'Abbeville, résumé qui était destiné à donner une idée de la météorologie de notre département, attendu qu'Abbeville est la seule localité du département de la Somme où des observations météorologiques ont été faites d'une manière régulière et continue, pendant un grand nombre d'années.

Deux de nos collègues de la Société d'Émulation, MM. Brion et Decharmes, ont déjà publié à diverses époques, dans les *Mémoires* de la Société (1), des obser-

(1) *Mémoires de la Société d'Émulation d'Abbeville,* 1841 à 1843, et 1849 à 1851.

vations météorologiques faites pendant plusieurs années, en collaboration avec M. Callary. Ces deux séries d'observations ont été résumées dans ce Mémoire. Nous avons, en outre, puisé largement dans les cahiers d'observations de M. Callary; toutes ces données, ajoutées à nos propres observations depuis 1852 sur la température de l'air, des puits et du sol, sur la pression barométrique, sur les vents, sur le pluviomètre, sur l'hygromètre et sur l'ozonomètre, nous ont permis de répondre à toutes les questions du programme de météorologie que nous nous proposons de suivre fidèlement. Ainsi, nous étudierons successivement la température moyenne annuelle, ses variations; — les températures mensuelles; — la marche de la température dans l'année moyenne; — la température moyenne annuelle en ne tenant compte que des températures au-dessus de 0° (1); — le nombre moyen des jours de pluie, des jours de gelée; — la quantité moyenne de pluie; — la répartition de la pluie dans l'année moyenne; — les pluies mensuelles; — le nombre moyen des orages, des jours de grêle, des jours de brouillard, des jours sereins; — les vents, leur fréquence, leur direction; — l'état hygrométrique de l'air; — la pression barométrique moyenne, ses variations; — les hauteurs barométriques dans l'année moyenne; — la température des sources, des puits, du

---

(1) Cette donnée doit être évaluée en prenant comme diviseur le nombre des jours où la température moyenne s'est élevée audessus de 0°.

sol ; — l'ozone. Nous ferons ensuite quelques remarques sur la migration des oiseaux. Dans un premier tableau, nous indiquerons les dates moyennes de l'arrivée et du départ avec la température moyenne correspondant à ces deux dates ; dans un second tableau, nous nous occuperons des oiseaux qui ne séjournent pas dans ce pays, et nous indiquerons la saison et le lieu de leur passage.

Quant à la disposition des tableaux destinés à renfermer les éléments numériques des principales réponses aux questions du programme ci-dessus, nous avons scrupuleusement suivi les modèles qui accompagnaient le programme de météorologie. Nous avons aussi consulté, pour le choix et l'étendue des détails à donner à notre travail, le remarquable mémoire de M. Bertin sur la *Météorologie de Strasbourg* (1), ainsi que l'*Annuaire de la Société Météorologique de France*.

Notre plan ainsi tracé, il nous reste encore, avant d'entrer en matière, à donner en quelques mots la position topographique d'Abbeville, centre de nos observations.

Abbeville, jadis capitale du comté de Ponthieu en Picardie, aujourd'hui chef-lieu d'arrondissement, est située à 43 kilomètres nord-ouest d'Amiens, à 158 kilomètres de Paris, et à 20 kilomètres de la mer par Saint-

____

(1) *Memoires de la Société du Muséum de Strasbourg*, tome v, première livraison, *Météorologie de Strasbourg*, par M. Bertin, professeur de physique à la Faculté des Sciences de Strasbourg.

Valery. Les escarpements qui forment la vallée dans laquelle notre ville est située sont des monticules peu considérables, comme les monts de Caubert, dont le point culminant n'est qu'à 77 mètres au-dessus du niveau de la Somme. Cette partie, la plus élevée et la plus proche de la ville, l'abrite un peu des vents du sud et du sud-ouest. A l'ouest, la vallée est ouverte par la baie de Laviers, qui laisse une libre circulation aux vents de mer. Les vents de l'est ont un facile accès par le rideau presque plat, très-étendu, qui est coupé par les petites rivières de Lheure et de Caux.

<table>
<tr><td colspan="2">Coordonnées Géographiques.</td></tr>
<tr><td>LATITUDE (sommet du clocher de Notre-Dame de la Chapelle, à Thuison-lès-Abbeville)....</td><td>50°, 7', 5".</td></tr>
<tr><td>LONGITUDE   id.   id........</td><td>0°,30',18".0</td></tr>
<tr><td>ALTITUDE au-dessus de la mer :</td><td></td></tr>
<tr><td>du sommet du clocher................</td><td>61 mèt. 6</td></tr>
<tr><td>du sol (pavé de l'église). ....</td><td>22 mèt. 4</td></tr>
<tr><td>DISTANCE directe à la mer................</td><td>20,000 mèt.</td></tr>
</table>

HISTOIRE MÉTÉOROLOGIQUE D'ABBEVILLE

OU

RÉSUMÉ

DES

OBSERVATIONS MÉTÉOROLOGIQUES

FAITES EN CETTE VILLE, DE 1840 A 1860

Chaque localité doit être étudiée en elle-même...

FOISSAC, *De la Météorologie...*

CHAPITRE 1er

Observations thermométriques

Sommaire.—Température moyenne annuelle, ses variations ;— nombre moyen des jours de gelée ;— températures mensuelles ; — marche de la température dans l'année moyenne ;— température moyenne annuelle en ne tenant compte que des températures au-dessus de zéro ;— température moyenne annuelle calculée d'après les maxima et les minima absolus ; — température des puits, des eaux courantes, du sol ;— climat d'Abbeville ;— isochimènes.

Dans notre contrée, les grands froids comme les grandes chaleurs sont assez rares ou du moins de peu de durée, cependant le thermomètre monte assez fréquemment au-dessus de 30°, même dans les étés qui ne sont pas remarquablement chauds. Dans les étés très-chauds, on a vu le thermomètre dépasser 32° et même 33°, mais, depuis 1833 jusqu'à ce jour, il n'a pas encore atteint 34°. Le 18 août 1862, le thermomètre s'est élevé à 33°,7, et le 15 juin 1858, le thermomètre a marqué 33°,8.

Dans les hivers rigoureux, comme ceux de 1829-1830 et de 1838, il peut descendre jusqu'à — 17°, — 18° et — 19° (19 janvier 1838). Enfin, le 20 décembre 1859, le thermomètre est descendu à —19°,2.

Comparer le climat actuel d'un pays avec ce qu'il était il y a plusieurs siècles, est une chose fort curieuse, et chacun a pu lire, dans l'*Annuaire du Bureau des Longitudes pour 1834*, l'intéressante notice où M. Arago établit qu'il est à croire que le climat de l'Europe ne s'est pas détérioré ; que certaines parties ne sont pas plus froides, d'autres pas plus chaudes, qu'elles n'étaient jadis, mais que, dans certaines régions de la France, les étés semblent être aujourd'hui moins chauds qu'ils ne l'étaient anciennement. Vers le quinzième siècle, notre pays comptait, au nombre de ses productions des vignobles qui réussissaient assez bien pour constituer une partie des redevances payées par les fermiers. S'il faut en croire les mémoires du temps, Abbeville concourait autrefois avec Boves et Amiens à fournir de vins la table de nos rois. On trouve encore aujourd'hui dans un des faubourgs de la ville, à Thuison-lès-Abbeville, des coteaux appelés *Coteaux des Vignes*, probablement en raison de leur première destination. La culture de la vigne a cessé entièrement en Picardie vers la fin du dix-septième siècle. Notre climat se refuse à cette culture. On en accuse l'abaissement de la température, les gelées tardives. Cependant rien ne prouve que la température moyenne de notre climat ait été autrefois plus élevée qu'aujourd'hui. Il nous paraît, au contraire, assez rationel d'admettre que la température moyenne n'a pas sensiblement changé, mais que la répartition de la chaleur dans les différentes saisons a pu être modifiée sous l'influence des nombreux déboisements (1) qui ont eu lieu dans ce pays depuis plusieurs siècles.

La vigne est peu sensible aux rigueurs de l'hiver, mais, exigeant des étés chauds, elle a une limite commandée par les isothères. En France, la vigne n'est pas cultivée sur les côtes occidentales au-delà de 47°,30', cependant elle s'élève dans l'intérieur vers le 49me degré. A Bordeaux (latitude 40°,50'), les températures moyennes de l'année, de l'hiver, de l'été, de l'automne, sont respectivement : 13°,8 ; 6°,2 ; 21°,7 ; 14°,4 (2). En thèse générale, pour que la vigne produise un vin potable, il ne suffit pas que la chaleur moyenne de l'année dépasse 9°,5, il faut encore qu'une température d'hiver supérieure à $+ 0°,5$ soit suivie d'une température moyenne de 18° au moins pendant l'été. Or, comme dans notre climat (latitude 50°,7',5'') la température moyenne de l'été n'atteint que 16°, on comprend dès-lors facilement pourquoi la culture de la vigne n'est pas possible dans cette localité. Ajoutons même que le raisin en espalier ne mûrit pas chez nous parfaitement bien tous les ans.

Le degré de confiance que l'on doit accorder aux observations météorologiques dépendant de la qualité des instruments et de la manière de les observer, nous allons donner ici, en peu de mots, la description des instruments employés et indiquer leur position et leur mode d'observation.

Les météorologistes sont convenus d'observer la tem-

(1) Voyez, *Moniteur universel* du 23 juin 1853, article de M. Becquerel sur les déboisements.

(2) Cosmos, tome 1, page 388.

pérature de l'air sur des thermomètres à mercure exposés à l'air libre, au nord et à l'abri des rayons du soleil. Les divers instruments qui ont été employés dans les observations dont nous donnons ici le résumé, étaient placés dans un jardin à l'ombre et au nord, librement suspendus dans l'air à 1 mètre 50 centimètres au-dessus du sol, à une hauteur de 12 mètres 327 millimètres au-dessus du niveau de la mer (1), et garantis contre le rayonnement de l'espace et du sol.

Les thermomètres dont on a fait usage sont :

1º Un thermométrographe centigrade de Bunten.

2º Un thermomètre centigrade à mercure de Bunten.

3º Un thermomètre à minima (système Rutherford) de Lerebours.

4º Un thermomètre à maxima (système Rutherford) de Lerebours.

Tous ces instruments ont été souvent comparés entre eux ; leurs zéros ont été vérifiés plusieurs fois, les variations n'ont pas été au-delà de un degré.

Tous les résultats sont corrigés des différences relatives au déplacement du zéro.

Ces instruments étaient observés trois fois par jour à des heures convenablement choisies, savoir : neuf heures du matin, midi et neuf heures du soir.

Pour déterminer la température annuelle moyenne, on prenait autrefois la demi-somme du maximum et du minimum observés pendant l'année. C'est ainsi que procédaient encore Maraldi, Lahire, Muschenbroek, Celsius, Mairan et Réaumur. On a compris tout ce que

____

(1) Cette cote est due à M. Cambuzat, ancien ingénieur des ponts-et-chaussées à Abbeville. (Decharmes, loc. cit., p. 99).

laissait à désirer cette méthode qui, en 1777, avait conduit Cotte à admettre pour la température annuelle moyenne de Toulon 25°,6, tandis que cette température est en réalité de 10 degrés plus bas.

Aujourd'hui, pour connaître la *température d'un lieu*, on cherche d'abord à déterminer la température de chaque jour, puis celle des mois par la moyenne des jours, ensuite celle des années par la moyenne des mois. Enfin, celle du lieu est donnée par la moyenne des années.

La température moyenne d'un lieu pendant un jour, est la moyenne de toutes les températures correspondant à tous les instants dont le jour se compose. Ainsi, on pourrait supposer la température constante pendant chaque heure et lire le thermomètre d'heure en heure, on aurait alors *la température moyenne du jour*, en divisant par 24 la somme des 24 températures trouvées. Mais des observations si nombreuses étant impossibles, on a dû chercher à s'en passer. En prenant la moyenne du lever et du coucher du soleil et de deux heures après-midi, on arrive à une approximation suffisante. On peut encore arriver au même résultat d'une manière plus simple, en prenant la moyenne de la plus haute et de la plus basse température de la journée. Cette dernière méthode, qui est suivie à l'Observatoire de Paris, est aussi celle que nous avons adoptée.

M. de Humboldt, par une discussion approfondie de nombreuses températures prises à Paris et à l'équateur, a reconnu aussi que la demi-somme des températures maximum et minimum de chaque jour, ne diffère que peu de la moyenne rigoureuse et peut la remplacer.

Enfin, d'après les observations faites à Paris, de 1816

à 1818, on voit encore que, dans nos climats, la température de huit heures ou de neuf heures du matin,
pourrait représenter assez exactement la moyenne de
l'année (1). Voici des observations faites à Abbeville en
1850 qui ont donné un résultat analogue :

| | 1850 | |
MOIS.	Moyennes des mois.	Moyennes de 9 h.
Janvier............	— 0,51	— 0,83
Février...........	6,92	6,04
Mars....	3,81	3,31
Avril.............	10.04	9,96
Mai	11,18	12,13
Juin.............	15,82	17,30
Juillet...........	16,73	17,89
Août	15,75	16,14
Septembre	12,74	13,28
Octobre..........	8,20	8,19
Novembre.........	8,29	7,92
Décembre	3,74	3,10
Moyennes........	9,39	9,53

TEMPÉRATURES ANNUELLES. — Le tableau 1 renferme
toutes les données que nous avons recueillies pour une
période de vingt années (1840 à 1860 exclusivement) sur
les températures annuelles.

La première colonne indique les années ; la seconde
contient les moyennes annuelles ; dans la troisième et
la quatrième, on trouve les températures extrêmes
observées chaque année, d'où l'on déduit la variation
annuelle de la température portée à la cinquième
colonne ; enfin une sixième colonne indique combien il
y a eu chaque année de jours de gelée, c'est-à-dire de
ours dans lesquels le thermomètre est tombé à zéro ou
au-dessous de zéro.

(1) Voyez *Annuaire du Bureau des Longitudes pour* 1822..

TABLEAU I. — Températures annuelles à Abbeville (1840 à 1860)

ANNÉES.	Température moyenne.	Maximum.	Minimum.	Variation	Jours de gelée
1840	8,94	29,0	—12,5	41,5	86
1841	9,94	30,5	—13,0	43,5	50
1842	9,62	30,7	—10,2	40,9	76
1843	10,45	30,7	— 5,0	35,7	43
1844	9,26	28,5	—12,5	40,0	59
1845	8,78	29,5	—12,8	43,3	67
1846	10,60	33,0	—15,0	48,0	48
1847	9,22	31,0	—10,7	41,7	75
1848	9,85	27,3	—12,8	40,1	51
1849	10,00	31,1	— 7,7	38,8	45
1850	9,39	30,8	—10,7	41,5	66
1851	9,42	29,3	— 6,2	35,5	62
1852	10,48	31,2	— 8,0	39,2	53
1853	8,83	27,3	—14,0	41,3	90
1854	9,71	31,3	—12,0	43,4	50
1855	8,10	28,8	—14,5	43,3	85
1856	9,17	29,9	—13,0	42,9	67
1857	9,82	29,5	— 9,3	38,8	65
1858	9,21	33,8	—11,5	45,3	54
1859	9,92	29,5	—19,2	48,7	63
Moyenne..	9,53	30,1	—11,5	41,6	62
Maximum.	10,60	33,8	—15,0	48,7	90
Minimum.	8,10	27,3	— 5,0	35,5	43
Variation.	2,50	6,5	—10,0	13,2	47

On voit, d'après le tableau ci-dessus, que la température moyenne d'Abbeville, établie d'après vingt années d'observations (1840 à 1860), s'élève à 9°,53.

Si l'on compare la température moyenne de notre climat avec la température moyenne de chacune des vingt années ci-dessus, on voit que ces températures s'écartent peu de cette moyenne et qu'elles oscillent autour de 9°,53, de manière à s'en écarter en plus de

1°,07 (année 1846, moyenne 10°,6), ou en moins de 1°,43 (année 1855, moyenne 8°,10).

Pendant ces vingt années, la température annuelle a dépassé dix fois la température moyenne. Sur ce nombre, trois fois la température annuelle a dépassé la température moyenne du lieu d'environ 1 degré. Ainsi, en 1843, la différence s'est élevée à 0°,92; en 1846, à 1°,07, et en 1852, à 0°,95. Pour les sept autres années, la température moyenne a varié de 0°,47 à 0°,09, c'est-à-dire qu'elle n'a dépassé la température moyenne de ce lieu que d'une quantité très-faible, variant de 1 dizième de degré au moins à 4 dizièmes de degré au plus.

Ainsi donc, sur ces vingt années, on en compte sept chaudes, cinq froides et huit moyennes.

Si, maintenant, nous examinons les températures extrêmes, nous trouvons que le thermomètre monte :

en général de.......... 29° à 30°;
au plus à............ 33° (1er août 1846);
au moins à.......... 27° (5 août 1848).

Rappelons, en passant, qu'il s'agit d'un thermomètre placé à l'ombre et au nord. Ces variations de température sont loin d'indiquer celles que donnerait un thermomètre exposé au soleil. En effet, un thermomètre couvert de noir de fumée et exposé au soleil aurait marqué au moins 8 à 10 degrés de plus.

Le thermomètre descend, chaque année :

en moyenne à......... — 11°,5 ;
au plus à............ —15° (1) ;
au moins à.......... — 5° (14 fév. 1843).

(1) On l'a vu cependant descendre à —19° (19 janvier 1838), et à —19°,2 (20 décembre 1859).

La variation annuelle du thermomètre est :

en moyenne........ 41°,6 ;
au plus.......... 48°,7 (année 1859) ;
au moins......... 35°,0 (ann. 1843 et 1851).

Si, au lieu d'examiner une période de vingt années, nous examinons les températures observées à Abbeville de 1834 à 1860, nous trouvons que le thermomètre a varié de............... +34°,0 (24 juillet 1833) ;
à..................... —19°,2 (20 décemb. 1859)

variation... $\overline{53°,2}$

Nous avons, en outre, recherché les heures où se manifestent les maximum de température, et nous avons trouvé que la température maximum s'observe le plus souvent de une heure à deux heures et deux heures à trois heures. Ainsi, il résulte de nos observations que la température maximum s'observe par an, en moyenne, 122 fois de deux heures à trois heures du soir, 106 fois de une heure à deux heures, 66 fois de midi à une heure, 40 fois de trois heures à quatre heures, et 26 fois seulement de onze heures à midi. On observe exceptionnellement le maximum de température à des heures différentes. C'est ainsi qu'on voit quelquefois, au printemps, le maximum de la température arriver de 4 à 5 heures du soir, et, en hiver, de 5 à 7 heures du soir.

Quant aux jours de gelée, on compte :

en moyenne, par an...... 62 jours de gelée ;
au plus............... 90 (1853) ;
au moins............. 43 (1843).

variation....... $\overline{47}$

C'est vers la fin de décembre et en janvier qu'arrivent d'ordinaire, à Abbeville, les plus grands froids.

TABLEAU II. — Températures mensuelles à Abbeville (1840 à 1860)

ANNÉES.	Janvier.	Février.	Mars.	Avril.	Mai.	Juin.	Juillet.	Août.	Septembre.	Octobre.	Novembre.	Décembre.
1840	3°34	3°22	2°90	10°13	13°38	15°70	15°12	16°70	13°05	8°33	7°14	—1°71
1841	1,93	1,87	8.53	9.19	15.03	14.12	14,73	15 97	16.00	10.71	6,50	4,76
1842	—1.46	3.98	6 94	8.11	12.10	17,16	15.97	19,25	14.19	8,11	5,54	5.57
1843	4.90	2.82	7.25	9.46	12.65	14,40	16,08	17,36	16.01	10.95	7,66	5,81
1844	2.76	2,44	6,01	10.61	11,61	14 88	15,93	14.10	14,07	10.06	7,02	1,66
1845	2.21	—0,56	0 81	9,50	10.02	16,08	15,73	14,44	13.07	10.35	8,08	5,65
1846	5.69	7.17	6,92	9.31	12,57	18,20	17.87	18.35	16 25	10.80	5,25	—1.21
1847	0.99	2,44	4,90	6,53	13.53	13,85	17.59	16,59	12,12	11.24	7,50	3,36
1848	—1.30	6,41	6.77	9.02	13,56	15,14	16.16	15,83	13.33	11.11	6,39	5,45
1849	4,69	6.10	5.69	7,59	13,31	15.65	16.30	15,95	14.73	10 82	5.92	3,28
1850	—0,51	6.92	3.81	10.04	11,18	15.82	16.73	15,75	12,71	8.20	8,29	3.71
1851	5.61	3,90	6.37	8,49	10.69	15,07	15,79	16,88	12,78	11,32	3,42	2.66
1852	4.60	4.39	4,73	7.47	11.94	14.43	19,81	16,96	13,91	8,88	10.11	8,52
1853	6,03	0.37	3,15	8.37	12,07	14.72	16.23	15,00	13.93	11,49	4.22	—1,42
1854	3,43	3.78	6,74	9.73	11.16	13,73	16.44	15,93	11 56	10,62	4.79	5.71
1855	0.33	—1.80	4,11	7.70	10.38	14.37	16.30	15.97	13.92	10,56	4,16	1.20
1856	2,26	1,75	5,57	9.18	12,48	14,48	15,65	16.14	14.38	10,05	5,64	2.49
1857	3,52	2,89	5.51	8.35	12,19	15,14	17.02	17,37	14.51	9.15	6.88	4.62
1858	2,51	3.19	4,25	9.66	10,87	15,17	16.04	15,29	13.16	9.98	6,70	3,42
1859	2,51	5,53	6,07	8,11	13,24	15,71	17,05	16,68	14,11	10,99	6,26	2,72
Moyenne.	2,70	3.34	5,35	8.82	12,19	15,20	16,44	16,37	14.04	10.18	6.37	3.31
Maximum	6,03	7,17	8,53	10.61	15.03	18.20	19,81	19.97	16.25	11,49	10,11	8.52
Minimum	—1,46	—1,80	0,81	6,53	10.02	13,73	14,73	14,44	12.12	8.11	3,42	—1.42
Variation	7,49	8,97	7,72	4,08	5,01	4,47	5,08	5,53	4,13	3,38	6,69	9,94

Températures mensuelles.— En parcourant le tableau II, on voit que les températures moyennes mensuelles subissent, suivant les années, de très notables variations. La plus grande variation s'observe en décembre, puis dans les mois de janvier, février et mars. Ainsi, tandis que la température moyenne de décembre peut quelquefois atteindre $8^o,52$ (année 1852), on la voit, au contraire, descendre à $—1_0,42$ (année 1853), et offrir alors une variation de $9^o,94$. La température moyenne de janvier a varié de $7_0,49$; on la voit, en effet, s'élever, en 1853, à $6^o,03$, et descendre, en 1842, à $—1^o,46$. La température moyenne de février varie de $8^o,97$; en février 1846, on voit la température moyenne arriver à $7^o,17$, et descendre à $—1_0,80$ en février 1855. La température moyenne de mars peut varier de $7^o,12$; elle s'élève à $8^o,53$ en 1841, pour retomber à $0^o,81$ en 1845.

Les plus petites variations des moyennes mensuelles s'observent en octobre, septembre, avril et juin. En octobre 1853, la température moyenne a atteint $11^o,49$, tandis qu'en 1842, elle ne s'est élevée qu'à $8^o,11$: différence, $3^o,38$; en septembre 1846, la température moyenne s'est élevée à $16^o,25$ pour redescendre, en 1847, à $12^o,12$, c'est-à-dire avec une variation de $4^o,13$; en avril 1844, on voit la température moyenne à $10^o,61$, et atteindre seulement, en 1847, $6^o,53$, et présenter une différence de $4^o,08$; enfin, en 1846, la température moyenne de juin s'élève à $18^o,20$, tandis qu'en 1854, elle ne marque que $13^o,73$: différence, $4^o,47$.

Si, maintenant, l'on compare les températures moyennes les plus élevées de chaque mois aux températures moyennes générales ou normales de tous les autres, on constate les résultats ci-après : Le mois de

janvier est quelquefois aussi tempéré que le mois de
mars moyen ; ainsi, durant la période de 1840 à 1860,
trois fois (années 1846, 1851, 1853), la température
moyenne du mois de janvier a dépassé la température
moyenne normale du mois de mars, et trois autres fois
elle s'en est rapprochée (années 1843, 1849, 1852) de
manière à s'en écarter de 4 dixièmes de degré au moins
et de 7 dixièmes au plus. Le mois de février ressemble
quelquefois à la moyenne du mois de novembre ; durant
la période qui nous occupe, quatre fois (années 1846,
1848, 1849, 1850), la température moyenne de février a
été aussi élevée que la température moyenne normale de
novembre ; dans d'autres cas, le mois de février a res-
semblé quelquefois à la deuxième quinzaine moyenne
d'avril ou encore à la première quinzaine moyenne du
mois de janvier. Le mois de mars ressemble exceptionnellement au mois d'avril moyen ; une seule fois, dans
une période de vingt années (année 1841), la température
moyenne du mois de mars a presque atteint la température moyenne normale d'avril, encore faut-il remarquer
qu'elle lui est restée inférieure de 3 dixièmes de degré.
Le mois d'avril n'arrive jamais à la température moyenne
normale du mois de mai, et la plus petite différence
entre la température moyenne maximun du mois d'avril
et la température moyenne normale du mois de mai,
s'élève encore à 1°,58. Le mois de mai se montre très-
exceptionnellement aussi chaud que certains mois de
juin, mais jamais la température moyenne du mois de
mai n'atteint la température moyenne normale de juin.
Certains mois de juin donnent aussi quelquefois une
température moyenne plus élevée que certains mois de
juillet, et peuvent même dépasser la température normale

moyenne de juillet de 2 degrés (année 1846). Les températures moyennes de juillet et d'août sont égales; néanmoins, le mois de juillet est parfois, en moyenne, moins chaud que certains mois d'août. Quelques mois d'août sont quelquefois, en moyenne, d'une température inférieure à quelques mois de septembre (années 1841, 1843, 1846) La température moyenne la plus basse de certains mois de septembre reste toujours de $1°,9$ plus élevée que la température moyenne normale du mois d'octobre. La température moyenne la plus basse du mois d'octobre dépasse également de $3°,81$ la température moyenne normale de novembre; cependant, une seule fois (année 1852), la température moyenne de novembre a dépassé de $1°,23$ la température moyenne du mois d'octobre de la même année. Le mois de novembre peut être assez souvent, en moyenne, plus froid que certains mois de décembre; c'est ainsi qu'on a pu voir (année 1852) la température moyenne du mois de décembre dépasser de $2°,15$ la température moyenne normale du mois d'octobre. Enfin, le mois de décembre peut être, en moyenne (années 1840, 1846, 1853), de 4 degrés plus froid que la température moyenne normale de janvier.

Nous avons recherché les mois les plus chauds et les mois les plus froids. Nous avons trouvé que les mois les plus chauds sont les mois de juillet et d'août; la différence entre les moyennes de ces mois ne s'élève pas à un dixième de degré ($0°,08$). Les mois les plus froids sont ceux de janvier et de décembre; la différence entre les moyennes de ces mois s'élève à $0°,61$. On aurait, cependant, tort d'en conclure que les extrêmes de température s'observent chaque année dans ces différents mois. Dans la période de vingt années (1840 à 1860),

Le plus grand froid a été observé :

12 fois en janvier,
6 fois en décembre,
2 fois en février.

La plus grande chaleur a été constatée :

8 fois en juillet,
7 fois en août,
4 fois en juin,
1 fois en mai (27 mai 1841).

Les températures moyennes des mois d'avril et d'octobre, 8⁰,82 et 10⁰,22, s'écartent peu de la température moyenne normale annuelle 9⁰,53. En effet, la température moyenne du mois d'avril est inférieure de 0⁰,74 à la température moyenne annuelle, tandis que la température moyenne du mois d'octobre la dépasse de 0⁰,69. On voit, d'après ces différences, qu'on arriverait assez exactement à trouver la température moyenne de ce lieu en prenant la demi-somme de ces deux mois, ce qui donnerait 9⁰,51, chiffre qui ne diffère de la température normale annuelle que de 3 centièmes.

En jetant les yeux sur les températures moyennes des différentes saisons, nous trouvons que le printemps et l'automne sont des saisons qui s'écartent peu de la température moyenne. En effet, la température moyenne du printemps qui est de 8⁰,74, ne diffère de la température moyenne annuelle que de 0,79, tandis que la température moyenne de l'automne varie de 0⁰,68 ; de sorte qu'on arriverait encore à trouver d'une manière assez exacte la température moyenne de ce lieu en prenant la moyenne de ces deux températures, ce qui donnerait 9⁰,42, c'est-à-dire 11 centièmes de moins que la température moyenne normale de l'année.

La variation mensuelle du thermomètre s'élève, en

moyenne, à 20 degrés. Cette variation est un peu plus élevée au printemps, un peu moins en automne. L'oscillation mensuelle est la plus grande possible aux mois de mai et d'avril, tandis que la plus petite variation s'observe aux mois d'octobre et de novembre.

Les variations diurnes les plus élevées arrivent à 16° et à 18° en avril, juin et juillet. Souvent aussi en mars, mai et septembre, la température varie le même jour de 13° à 15° degrés, mais rarement davantage Les plus petites variations diurnes peuvent s'élever de 1°,5 à 4 degrés, et se font remarquer en novembre, décembre, janvier et février. Dans notre contrée, la constitution atmosphérique est d'une grande variabilité Les transitions sont si fréquentes et si soudaines, qu'il n'est pas rare de voir changer la température, non seulement d'un jour à l'autre, ou du matin au soir, mais même plusieurs fois dans la journée. L'été n'est point exempt de ces brusques variations. On éprouve souvent, dans le courant de cette saison, des alternatives de chaleur et de froid très funestes à la santé. Pour résister à l'influence de ces brusques transitions de température, il est nécessaire d'apporter le plus grand soin dans la manière de se vêtir ; il faut s'habituer à endurer la chaleur, et par conséquent à se tenir un peu couvert.

Température des saisons. — S'il est important de connaître la température moyenne d'un lieu, il l'est peut-être encore plus de connaître la distribution de la chaleur dans les différentes saisons ; c'est ce que nous allons chercher à établir dans le tableau n° III. Nous indiquerons également dans la 7e et la 8e colonne de ce tableau, le résultat de nos recherches sur la marche de la température à 3 mètres au-dessous du sol, et dans les puits à une profondeur de 8 mètres.

TABLEAU III. — Marche de la température dans l'année moyenne à Abbeville.

(1840 à 1860)

MOIS ET SAISONS.	TEMPÉRATURES			OSCILLATION mensuelle.	JOURS de gelée.	TEMPÉRATURES	
	Moyennes	Minimum	Maximum			du sol à 3 mètres de profondeur.	des puits à 8 mètres au-dessous du sol
Décembre..	3,31	−7,8	11,1	18,9	13,8	8,7	10,1
Janvier	2,70	−8,8	11,1	19.9	14,4	7,3	9,5
Février.....	3,34	−6,3	11,9	18,2	10,3	6,5	8,7
Hiver....	3,11	»	»	19.	38.5	7,5	9,1
Mars	5,35	−3,7	15,3	19,0	10,0	7,2	8,9
Avril......	8.82	−1.0	21,5	22.5	2.7	8,4	9 3
Mai........	12,19	1,8	24.5	22,7	0,3	11,3	9,6
Printemps	8,74	»	»	21,4	13,0	9,0	9,3
Juin........	15,20	4,9	26,5	21.6	0,0	12,9	9,8
Juillet......	16,44	7,6	28,3	20,7	0,0	14,6	10,1
Août........	16.36	6,2	26,9	20,7	0,0	15,5	10,5
Été......	16.	»	»	21.	»	14,3	10,0
Septembre..	14.04	4,4	24,4	20,0	0,0	15,7	11,1
Octobre....	10.22	0,6	18,9	18,3	1,2	13,8	10,8
Novembre..	0,37	−3,2	14,2	17,4	7,8	10,6	10,7
Automne.	10,21	»	»	18,6	9,8	13,7	10,9
Année.....	9,5	»	»	20.	62.	11,1	9,8

Hiver. — La température de l'hiver est en moyenne 3°,11 ; mais on la voit s'élever à 5°,83 en 1852, et descendre à −0°,9 en 1855 : elle peut donc varier de 5°,7.

Printemps. - La température du printemps arrive en moyenne à 8°,74 On voit cette température s'élever, en

1841, à 10º,9, tandis qu'elle descend à 6º,8 en 1845, et présente alors une différence de 4º,1.

Été. — La température de l'été est de 16 degrés. On la voit atteindre, en 1846, 18º,2, et s'abaisser à 14º,9 en 1844 ; elle varie donc de 3º,3.

Automne. — Quant à la température de l'automne, elle est de 10º,21 ; mais elle a donné, en 1843, 11º,5, et 9º,2 en 1842 et 1855 : variation 2º,3.

D'après l'examen de ce qui précède, on constate que c'est la température moyenne de l'automne qui présente moins de variation, tandis que c'est la température moyenne de l'hiver qui présente au contraire, la variation la plus élevée.

La différence entre la température de l'été et celle de l'hiver étant, en moyenne, 12º,8, et la différence entre celle du printemps et celle de l'hiver ne s'élevant qu'à 5º,6, on voit que chez nous on passe d'une saison à l'autre sans éprouver de très-grandes variations. Les hivers ne sont pas froids, les étés ne sont pas chauds, le printemps est tardif ; la première partie de cette saison paraît être la continuation de l'hiver. En effet, les premières semaines du printemps sont souvent froides et humides ; à cette époque, les vents se succèdent rapidement, celui du nord-est occasionne souvent des gelées qui se prolongent quelquefois jusqu'au mois de mai. Dans les nuits des mois d'avril et de mai, la température descend souvent à 3, 4, 6 degrés au dessus de zéro. Quand cela arrive, les plantes exposées à un ciel serein peuvent encore se geler, nonobstant l'indication du thermomètre qui reste au-dessus de zéro (1).

---

(1) La cause de ce refroidissement inégal doit être attribuée au

Quand, au contraire, le ciel est couvert, la température des plantes ne descendant pas au-dessous de celle de l'atmosphère, il n'y a pas de gelée à moins que le thermomètre ne marque zéro ; il est donc vrai de dire, comme le prétendent nos jardiniers, que les pêchers, les abricotiers et toutes les plantes délicates, ont souvent à redouter dans notre contrée les nuits froides du prin-temps. La température s'adoucit lorsque les vents du sud-est viennent à souffler. Les chaleurs ne commencent ordinairement qu'en juin et juillet, encore sont-elles de courte durée. On éprouverait quelquefois, à cette époque, une véritable sécheresse, s'il ne nous venait du sud-ouest quelques orages. Septembre et quelquefois les premiers jours d'octobre sont beaux, mais bientôt les brouillards et les vents d'ouest annoncent l'arrivée de l'hiver, qui paraît être plutôt un pluvieux automne qu'une saison de frimats et de glaçons.

TEMPÉRATURE MOYENNE CALCULÉE EN NE CONSIDÉRANT QUE LES TEMPÉRATURES AU-DESSUS DE ZÉRO. — La température moyenne calculée, en ne considérant que les températures au-dessus de zéro, s'élève à $10^o,02$. Cette température $10^o,02$ dépasse de 5 dixièmes de degré la température moyenne normale $9^o,53$.

rayonnement de la chaleur ; toutes les circonstances qui tendent à rendre le rayonnement considérable augmentent le froid produit. Ainsi sous un ciel pur, la chaleur lancée vers les régions supérieures de l'atmosphère se perd dans l'espace, et le refroidissement des plantes et des corps placés à la surface de la terre devient de plus en plus grand et peut ainsi arriver à zéro et même au-dessous de cette température ; sous un ciel couvert, les nuages compensent par leur rayonnement propre et par la réflexion la chaleur perdue par les corps placés à la surface de la terre et s'opposent par cela même à un trop grand abaissement de température.

TABLEAU IV. — Moyenne de la température en ne considérant que les températures au-dessus de zéro. — Moyennes normales.

(1840 à 1860)

ANNÉES.	MOYENNES calculées en ne considérant que les températures au-dessus de zéro.	MOYENNES normales calculées d'après toutes les températures	VARIATION de ces moyennes.
1840	10,03	8,94	1,09
1841	10,39	9,94	0,45
1842	9,88	9,62	0,26
1843	10,48	10,45	0,03
1844	9,55	9,26	0,29
1845	9,39	8,78	0,61
1846	11,08	10,60	0,48
1847	9,80	9,22	0,58
1848	10,31	9,85	0,46
1849	10,38	10,00	0,38
1850	9,81	9,39	0,42
1851	9,58	9,42	0,16
1852	10,62	10,48	0,14
1853	9,30	8,83	0,47
1854	10,60	9,71	0,89
1855	9.17	8,10	1,07
1856	10.05	9,17	0,88
1857	10.07	9,82	0.25
1858	9,58	9,21	0,37
1859	10,39	9,92	0,47
Moyenne...	10,02	9,53	0,49
Maximum ..	11,08	10,60	1,09
Minimum...	9,17	8,10	0,03
Variation...	1,91	2,50	1,06

La plus petite variation de ces moyennes, 0º,03, s'observe en 1843, année où la température moyenne calculée en ne considérant que les températures au-dessus de zéro s'élève à 10º,48, tandis que la température moyenne normale de 1843 est de 10º,45.

La plus grande variation de ces moyennes, $1_o,08$, s'observe en 1840; ainsi la température moyenne calculée en ne considérant que les températures au dessous de zéro s'élève à $10^o,03$, tandis que la température normale de 1840 n'arrive qu'à $8^o,95$.

La température annuelle moyenne maximum calculée sans tenir compte des températures au-dessous de zéro, dans la période de 1840 à 1859, atteint $11^o, 8$ (1846).

La température annuelle moyenne minimum arrive seulement à $9_o,17$ (1855), ce qui donne pour différence entre ces températures moyennes $1_o,91$.

La température annuelle moyenne maximum calculée en ayant égard à toutes les températures durant la même période de vingt anneés, est de $10^o,60$. La température annuelle moyenne minimum est de $8^o,12$: il y a donc une variation de $2^o,42$, chiffre qui ne diffère du chiffre $1^o,91$ obtenu ci-dessus que de 5 dixièmes de degré.

TEMPÉRATURE MOYENNE ANNUELLE CALCULÉE D'APRÈS LES MAXIMA ET LES MINIMA ABSOLUS. – La température moyenne calculée d'après les maxima et les minima absolus mensuels, s'élève à $9^o,74$.

Calculée d'après les maxima et les minima absolus annuels, la température moyenne est de $9^o,30$.

Si l'on compare ces deux températures, on trouve une différence de $0^o,44$ entre ces moyennes.

En comparant, d'autre part, ces moyennes avec la température moyenne normale $9^o,53$, on trouve que celle-ci est inférieure de 21 centièmes à la moyenne $9_o,74$ obtenue avec les maxima et les minima absolus mensuels, tandis qu'au contraire elle dépasse de 23 centièmes la température moyenne obtenue d'après les maxima et les minima absolus annuels.

TABLEAU V.—Température moyenne annuelle calculée d'après les maxima et les minima absolus mensuels et annuels.

(1840 à 1860)

ANNÉES.	MOYENNES CALCULÉES	
	d'après les maxima et les minima absolus mensuels.	d'après les maxima et les minima absolus annuels.
1840	8,24	8,2
1841	10,60	8,7
1842	11,25	10,2
1843	10.86	12,8
1844	8,60	8,0
1845	9,13	8,3
1846	9,12	9.0
1847	10,06	10,1
1848	10.88	7,2
1849	10,73	11,7
1850	9,30	10,1
1851	8,80	11,5
1852	10.20	11,6
1853	9,66	6,7
1854	7,64	9,6
1855	10,86	7,2
1856	9,33	8,4
1857	10,49	10,1
1858	8.95	11,1
1859	10,19	5,1
Moyennes..........	9,74	9.30

Nos observations thermométriques ayant été faites à 12 mètres 327 millimètres au-dessus du niveau de la mer, la correction de la moyenne normale (eu égard à l'altitude), en admettant une diminution de 1 degré par 180 mètres d'élévation au-dessus du niveau de la mer, ne dépasse pas 5 centièmes de degré ; ce qui donne pour la température moyenne normale *vraie* 9º,48.

Température du sol, des puits, des eaux courantes. — *Température du sol.* — Pour nos expériences
sur la température du sol, nous avons fait placer à 3
mètres de profondeur un tube de zinc ayant 3 mètres de
longueur sur 12 centimètres de diamètre. Ce tube, re-
couvert extérieurement d'une couche de minium, était
fermé à sa partie supérieure par une rondelle en bois
percée à son centre d'un trou assez grand pour y laisser
passer le thermomètre. Cet instrument était descendu
dans l'intérieur du tube à l'aide d'un fil de 3 mètres de
long, dont l'extrémité supérieure se trouvait fixée à une
rondelle en liége destinée à fermer hermétiquement
l'orifice du tube, afin de s'opposer au libre accès de l'air
et de la pluie. La température du sol était notée trois
fois par mois, le 1er, le 10 et le 20 de chaque mois.

La température moyenne de l'air, pour nos cinq années
d'observations (années 1858, 1859, 1860, 1861, 1862),
s'élève à 9o,7 ; tandis que pour la même période la
température moyenne à 3 mètres dans le sol, arrive
à 11o,1.

La différence entre ces deux températures moyennes
est de 1o,4 en faveur de la température du sol.

Si, au lieu d'examiner les températures moyennes
annuelles, nous jetons les yeux sur les températures
moyennes des saisons, nous voyons que ces températures
présentent des différences très tranchées. On constate
que la température du sol est beaucoup plus élevée que
celle de l'air en hiver et en automne, moins élevée au
contraire en été, et que les températures de l'air et du
sol ne varient que de quelques dixièmes de degré seulement au printemps, de manière à être à peu près
égales dans cette saison.

En examinant les températures moyennes des mois dans l'air et dans le sol, nous trouvons que la température moyenne de l'air commence à baisser vers la fin de juillet, tandis que dans le sol la température continue à s'élever jusqu'en septembre, c'est-à-dire que le calorique continue à gagner les couches profondes jusque vers le milieu de septembre. A dater de cette époque, les couches supérieures se refroidissent, et le calorique se transmet de bas en haut jusqu'en février. Cette déperdition de la chaleur est d'autant plus rapide que l'hiver est plus froid.

Sous l'influence des rayons solaires, les couches supérieures recommencent à absorber du calorique en mars et à entrer dans la période de réchauffement, qui se prolonge, comme nous l'avons déjà dit, jusqu'au mois de septembre.

Température des puits. — La température moyenne des puits à 8 mètres de profondeur est de 9º,8, c'est-à-dire de 3 dixièmes plus élevée que la température moyenne de l'air.

Les mois les plus chauds sont les mois d'août, septembre, octobre et novembre.

Les mois les plus froids sont ceux de février et de mars.

La température moyenne maximum qui est de 11º,1 s'observe en septembre, tandis que la température moyenne minimum qui est de 8º,7 s'observe en février.

La différence entre ces extrêmes de température est de 2º,4. La température des puits est bien plus constante que celle de l'air.

Notre savant collègue M. Brion, ancien professeur de physique au collége d'Abbeville, a fait quelques rares observations sur la température des puits. Nous regrettons que ces observations (1) n'aient pas été continuées au moins pendant une année, ce qui nous aurait permis de les comparer à celles qui ont été faites pendant une période de cinq années (1858, 1859, 1860, 1861, 1862). Durant ce laps de temps, la température de l'eau d'un puits, situé à 8 mètres de profondeur, était prise deux fois par mois, le 1er et le 15 de chaque mois.

Température des eaux courantes. — Nous avons cherché à déterminer la température de la Somme, et nous avons trouvé que la température moyenne de la Somme est presqu'égale à la température moyenne de l'atmosphère.

La Somme est une rivière à cours paisible coulant dans un lit encaissé, comme les eaux d'un canal, et dont les berges ont une hauteur qui varie de 1 mètre à 1 mètre 50 environ.

La température de la Somme a été prise à un mètre de profondeur, vers son milieu, dans un endroit profond aux environs du pont-levis, près la porte de Rouen et

(1) Nous avons pris, à différentes époques, la température de deux puits, dont un assez profond.

1er *Puits.* Ce puits, situé chaussée du Bois, n° 90, a 9 mètres de profondeur, il y a toujours plus d'un mètre d'eau.

5 novembre 1841, à 3 heures du soir. Thermomètre extérieur +4° ; dans l'eau +10°,8. — 10 novembre, à 4 heures 55 minutes du soir. Thermomètre extérieur +6°,5 ; dans l'eau +11. — 12 janvier 1842, à 4 heures 20 minutes du soir. Thermomètre extérieur —3° ; dans l'eau +10°5. — 29 juillet, à 8 heures 10 du matin. Thermomètre extérieur +13° ; dans l'eau +11°.

2e *Puits.* — Ce puits, situé à 7 kilomètres d'Abbeville, au bois de Fréchencourt, a 87 mètres de profondeur, dont 2 mètres d'eau.

11 août 1842, 6 heures du matin. Thermomètre extérieur +17° ; dans l'eau +11°. (Brion, loc. cit., page 324).

avant son entrée dans la ville. Les observations ont été faites trois fois par mois, le 1er, le 10 et le 20 de chaque mois, entre neuf et dix heures du matin, pendant quatre années (1858, 1859, 1860, 1861).

1858 à 1861

MOIS.	Température moyenne de la Somme.	Température moyenne de l'air.
Janvier...............	4°6	2°55
Février..	4,7	3,70
Mars	5,9	5,47
Avril...............	9,1	8,79
Mai	12,3	12,10
Juin................	14,8	15,24
Juillet..............	16,1	16,39
Août	16,0	16,26
Septembre..........	14,4	14,08
Octobre............	12,7	10,40
Novembre..........	9,9	6,32
Décembre..........	5,6	4,19
Moyennes......... .	10,04	9,62

On voit, d'après le tableau précédent, que la température moyenne de la Somme pendant nos quatre années d'observations, ne présente qu'une différence en plus de 42 centièmes de degré sur la température moyenne de l'air prise également pendant ces quatre années.

Pendant ces mêmes années, la température maximum de la Somme n'a pas dépassé $20_o,3$, et n'est pas descendue au-dessous de zéro. Durant la période de 1840 à 1860, deux fois nous avons vu la Somme prise en plusieurs endroits. Une première fois en décembre 1853, le thermomètre étant tombé à — 14°, et une deuxième fois en décembre 1859, avec une température de —19°,2,

Climat d'Abbeville. - Le climat d'un pays est caractérisé par sa température moyenne et par les variations qu'elle subit dans le courant de l'année.

La température étant de $9_0,53$ (moyenne *vraie* eu égard à l'altitude $9^o,48$), Abbeville a un climat tempéré.

Les variations de température sont grandes dans notre pays dans le cours de l'année. Ainsi, en juillet 1833 (24 juillet), le thermomètre à l'ombre marque 34°, et en décembre 1859 (20 décembre), il marque $—19^o,2$. Il y a donc entre ces deux extrêmes une variation de 53 degrés.

Nous avons vu précédemment que la variation annuelle était en moyenne $41^o,6$, et qu'elle pouvait même s'élever à 48 degrés.

Nous avons également indiqué l'oscillation mensuelle qui arrive en moyenne à 20 degrés.

Notons encore la variation entre la température moyenne de l'hiver et celle de l'été. Cette différence entre les moyennes de l'été et de l'hiver a, en raison de sa constance, été choisie pour définir les climats.

A Abbeville, la température moyenne de l'été est de . . . . $16^o,00$
celle de l'hiver est de . . . . $3^o,11$
differénce . . . . $12^o,89$

Les pays dans lesquels il n'y a pas une grande différence entre la température de l'hiver et celle de l'été, et qui n'offrent que peu de différence dans le cours de l'année entre les extrêmes de température, comme 6 degrés par exemple, ont un climat qu'on appelle *constant* ou *marin*. Ceux qui offrent d'assez grandes différences, comme 12 à 15 degrés, ont un climat qu'on appelle *variable* ou *continental*. Le climat d'Abbeville est donc un climat *variable* ou *continental*.

Isochimènes (1). — A Abbeville , d'après nos vingt années d'observations, la température moyenne de l'hiver est de 3º,11, et celle de l'été est de 16 degrés.

A Paris, les moyennes sont 3º,3 pour l'hiver et 18º,1 pour l'été. La différence de température entre les deux saisons est donc 14º,8 pour Paris et 12º,8 pour Abbeville.

Ces nombres confirment cette loi générale en météo-rologie , que les différences entre les températures moyennes de l'hiver et de l'été vont en diminuant à mesure que l'on se rapproche des côtes, et en augmentant à mesure qu'on s'enfonce dans l'intérieur des continents.

L'été est moins chaud à Abbeville qu'à Paris, mais l'hiver a la même température à deux dixièmes près.

Quant aux moyennes du printemps et de l'automne, nous voyons qu'elle est de 8º,7 pour le printemps, et de 10º,2 pour l'automne. A Paris, ces moyennes sont de 10º,3 et de 11º,3. Notre printemps est donc de 1º,5 plus froid et notre automne de 1º,1 également plus froid que le printemps et l'automne de Paris.

---

(1) En réunissant par des lignes les divers points d'un même hémisphère ayant même température moyenne d'été ou d'hiver, on obtient un système de courbes auquel M. de Humboldt a donné le nom de lignes *isothères* et de lignes *isochimènes*.

M. de Humboldt est aussi le premier qui ait réuni par des lignes les divers points du globe situés dans le même hémisphère et ayant une égale température moyenne. Ce système de courbes, auquel il a donné le nom de lignes *isothères* et qui fait époque en météorologie, a servi de base aux lois de la distribution géographique de la chaleur à la surface de la terre.

CHAPITRE II

Observations udométriques

Sommaire. — Nombre moyen des jours de pluie ; — quantité
moyenne de pluie ; — pluies mensuelles ; — répartition de
la pluie dans l'année moyenne.

L'eau tombée du ciel à l'état de pluie, de neige, de
grêle ou de grésil, se mesure au moyen de vases métal-
liques exposés en plein air et que l'on appelle, en raison
de leur destination, des *udomètres*, des *hydromètres* ou
bien encore des *pluviomètres*. Notre udomètre était placé
dans un jardin à 1 mètre 50 centimètres au-dessus du
sol et très éloigné des murs.

Pluies annuelles. — On voit, d'après le tableau VI,
qu'il tombe par an :

    en moyenne, à Abbeville. .   697^{mm} d'eau ;

    au maximum. . . . .   989^{mm} (année 1841);

    au minimum . . . .   497^{mm} (année 1855).

La variation entre ces deux extrêmes est donc de
492^{mm}, c'est-à-dire que la quantité d'eau qui tombe à
Abbeville peut varier du simple au double d'une année
à l'autre.

A Paris, la quantité d'eau tombée par année n'est, en
moyenne, que de 456^{mm} sur la plate-forme de l'Observatoire. Ce résultat est fort digne de remarque et montre
bien l'influence des vents sud - ouest qui soufflent si
fréquemment sur notre contrée.

TABLEAU VI.— Pluies mensuelles à Abbeville.—   Quantité d'eau tombée par mois et par années.

(**1841** à **1860**)

ANNÉES.	Janvier.	Février.	Mars.	Avril.	Mai.	Juin.	Juillet.	Août.	Septembre.	Octobre.	Novembre.	Décembre.	ANNÉES.
1840	"	"	"	"	"	"	"	"	"	"	"	"	"
1841	101,7	16,5	37,2	49,0	103,0	45,7	166,6	80,5	72,0	125,0	111,0	80.7	988,9
1842	23,7	36,7	65,5	22,0	32,2	48,0	28.8	21,7	87.2	79,5	67,2	27,5	540,0
1843	54,2	114,5	13,5	67,2	111,2	113,7	43,0	49.2	19,7	161,2	72,7	25,7	845,8
1844	24,1	35,2	59,3	28,7	64,2	68,5	94,0	69,8	65,5	63,6	97,4	82,7	753,0
1845	56,9	37,9	19,2	55,2	62,7	28,4	83,4	53,6	49,6	70,2	68,5	89,6	675,2
1846	42,4	21,4	16,3	44,0	102,7	59,1	56,3	33,2	101,0	32,7	83,7	63.1	655,9
1847	81,7	17,3	25,0	51,0	50,1	76,5	18,3	83,9	99,0	58,5	26,0	24,7	612,0
1848	29,5	28,5	37,2	60,4	36,6	41,2	46,9	106,1	30,5	55,7	61,0	64,7	600,3
1849	52,2	33,9	11,6	35,2	60,0	31,1	98,9	20,2	59,8	121,5	77,5	76,0	677,9
1850	61,6	39,2	24,1	75,1	59,9	26,2	70,9	87,0	30,3	72,5	71,7	83,1	701,6
1851	34,4	18,8	87,8	74,2	30,4	53,1	101,7	42,8	26,7	78,2	53,3	18,5	619,9
1852	58,1	29,6	12,3	19,2	91,3	82,1	34,1	94,9	124,9	177,4	82,5	51.3	857,7
1853	84,9	35,0	39,6	76,7	55,8	70,9	73,1	99,4	45,0	45,3	10,7	29.3	665,7
1854	39,4	35,6	8,3	49,9	71,5	99,6	38,3	45,5	20,0	185,0	97,3	82,9	773,3
1855	22,4	22,3	54,5	18,6	54,0	51,4	98,6	12,5	10,1	77,3	48,7	32,2	502,6
1856	54,5	26,8	33,3	40,7	74,1	65,5	93,6	49,7	40,0	120.7	79,2	63.2	741,3
1857	55,2	53,9	32,7	44,9	72,6	77,4	44,7	66,3	69,2	115,2	58,2	33,0	723,3
1858	44,0	33,5	47,6	58,4	54,0	44,0	87,2	63,3	43,0	71,1	75,3	68,4	689,8
1859	51,4	25,2	22,5	48,0	62,6	51,9	55,1	60,8	72,5	67,1	62,0	57,1	636,2
Moyenne de 19 années	51,1	34,8	34,1	48,0	65,8	59,7	70,2	60,0	56,1	93,5	68,6	55,4	697,3
Maximum ..	101,7	114,5	87,8	76.7	111,2	113,7	166,6	106,1	124,9	185,0	111,0	89,6	988,9
Minimum...	22,4	16,5	8,3	18,6	30,4	26,2	18,3	12,5	10,1	32.7	10,7	18,5	502,6
Variation...	79,3	98,0	79,5	58,1	80,8	87,5	148,3	93,6	114,8	152,3	100,3	71,1	486,3

Le tableau VII nous fait voir qu'il y a en moyenne, à Abbeville :

    par année............... 174 jours de pluie,
    au maximum........... 220 (année 1841),
    au minimum............ 145 (année 1855),

Et que la variation entre ces deux extrêmes est de 75 jours.

Il résulte également de ce tableau, que les mois rangés d'après le plus grand nombre de jours pluvieux, se présentent dans l'ordre suivant : octobre, mai, juillet, août, novembre, avril, janvier, septembre, juin, décembre, mars et février.

On voit de plus que sur les vingt années, comprises de 1840 à 1860 exclusivement, il y a eu :

    huit années pluvieuses (surtout en 1841 et en 1852),
    cinq années sèches (surtout en 1842 et en 1855),
    six années moyennes.

Il n'est pas inutile de rappeler ici ce qu'il faut entendre par années humides et par années pluvieuses. Les premières ne sont pas toujours celles où la quantité de pluie est la plus grande, mais celles où l'humidité s'est fait sentir le plus souvent, le plus longtemps; les secondes sont celles où la quantité d'eau a été considérable. Si donc des pluies fines et fréquentes ont lieu dans une année, elle paraîtra pluvieuse et pourra n'avoir été qu'humide; de même, une année paraîtra sèche s'il a plu peu de fois, et elle pourra être comptée comme pluvieuse s'il est tombé beaucoup d'eau, ne fut-ce qu'en quelques jours. Tout dépend de la manière dont les pluies ont été réparties dans les différents mois.

Nous allons indiquer dans le tableau VII le nombre des jours de pluie par mois et par années.

TABLEAU VII. — Nombre des jours de pluie par mois et par années à Abbeville.

(1840 à 1860)

ANNÉES.	Janvier.	Février.	Mars.	Avril.	Mai.	Juin.	Juillet.	Août.	Septembre.	Octobre.	Novembre.	Décembre.	ANNÉES.
1840	20	12	12	6	17	12	24	10	21	18	21	5	178
1841	16	11	12	20	20	19	25	17	18	25	18	19	220
1842	15	15	21	9	9	8	10	10	21	15	17	11	151
1843	19	11	5	17	26	19	13	15	6	23	20	21	195
1844	14	14	19	4	15	10	17	20	11	21	16	3	164
1845	13	6	10	13	25	12	22	22	17	16	16	25	197
1846	18	16	21	22	12	7	17	15	10	20	10	9	177
1847	10	7	6	16	17	14	5	16	16	20	13	10	150
1848	8	19	25	25	7	21	15	26	11	18	15	12	202
1849	17	10	5	16	11	7	15	9	14	20	14	15	153
1850	9	14	5	18	16	9	16	18	7	13	20	14	159
1851	15	8	22	19	13	11	19	14	12	15	14	11	173
1852	18	14	8	4	16	25	11	20	16	19	20	18	189
1853	25	5	9	18	14	14	18	14	14	21	5	4	161
1854	11	12	5	7	21	20	14	11	8	21	18	25	173
1855	8	8	14	9	17	12	16	8	11	21	7	14	145
1856	14	10	10	12	18	15	19	11	14	21	16	15	175
1857	17	11	10	13	17	16	15	15	14	19	15	13	175
1858	13	10	14	14	19	10	19	18	13	18	16	13	177
1859	14	13	14	19	12	12	12	18	12	20	13	11	171
Moyenne.	14	11	12	14	16	13	16	15	13	19	15	13	174
Maximum	25	19	25	25	26	25	25	26	21	25	21	25	220
Minimum	5	5	5	4	7	7	5	8	6	13	5	4	145
Variation	20	14	20	21	19	18	20	18	15	12	16	21	75

Si, maintenant, nous recherchons la distribution des pluies selon les saisons, nous trouvons, d'après le tableau nº VIII, que la quantité moyenne d'eau qui tombe à Abbeville est de :

141mm pendant l'hiver,
148mm — le printemps,
190mm — l'été,
218mm — l'automne.

La quantité d'eau tombée augmente de l'hiver à l'automne.

Quant à la moyenne des jours de pluie dans les différentes saisons, elle est de :

    38,9 jours de pluie en hiver,
    42,5   —   au printemps,
    45,0   —   en été,
    48,2   —   en automne.

Il résulte en outre de ce tableau, que le nombre de jours de pluie est, à peu près, le même au printemps, en été et en automne, et que l'hiver est la saison où l'on compte le plus petit nombre de jours où il pleut.

La quantité d'eau tombée par jour de pluie est égale, en moyenne, à $3^m,9$; elle varie dans chaque saison, et s'y établit ainsi :

    printemps................... $3^m,4$
    été...................... ... $4^m,2$
    automne.................... $4^m,4$
    hiver...................... $3^m,5$

On voit en outre en parcourant le tableau VIII, que la quantité d'eau tombée est la plus faible et à peu près la même en février et mars, qu'elle augmente en avril, mai, juin et juillet, pour diminuer sensiblement en août, augmenter de nouveau en septembre, atteindre son maximum en octobre, et décroître ensuite en décembre et février. En résumé, la quantité d'eau tombée par jour atteint son maximum en automne et son minimum au printemps, tandis qu'elle reste à peu près la même au printemps et en hiver ; enfin, les mois rangés d'après la plus ou moins grande quantité d'eau tombée viennent dans l'ordre suivant : octobre, juillet, novembre, mai, août, juin, septembre, décembre, janvier, avril, février et mars.

TABLEAU VIII.— Répartition de la pluie dans l'année moyenne à Abbeville.

(1840 à 1860)

MOIS ET SAISONS.	Quantité d'eau tombée en millimètres		JOURS		
	par mois.	par jour de pluie	de pluie.	de neige.	de pluie et neige.
Décembre.........	55,4 mm	4,0 mm	13,5	3,7	17,2
Janvier...........	51,1	3,6	14,0	4,0	18,0
Février...........	34,8	3 0	11,4	3,6	15,0
HIVER.......	141.	3,5	38,9	11,3	50.
Mars.............	34,1	2,7	12,5	3,4	15,9
Avril.............	48,0	3,4	14,0	1,3	15,3
Mai..............	65,8	4,1	16,0	0,0	16,0
PRINTEMPS...	148.	3,4	42,5	4,7	47.
Juin.............	59,7	4,3	13,7	0,0	13,7
Juillet...........	70,2	4,4	16,0	0,0	16,0
Août............	60,0	3,9	15,3	0,0	15,3
ÉTÉ.........	190.	4,2	45.	0,0	45.
Septembre........	56,1	4.0	13,9	0,0	13,9
Octobre.	93,6	4,9	19,0	0,2	19,2
Novembre........	68,6	4,4	15,3	1,2	16,5
AUTOMNE...	218.	4,4	48,2	1,4	49,6
ANNÉE...........	697.	3,9	174.	18.	192.

CHAPITRE III

État du ciel. — Météores divers

Sommaire. — Nombre moyen des jours de neige, des jours de
grêle, des jours de brouillard, des jours couverts, des jours
sereins ; — nombre moyen des orages.

JOURS DE NEIGE. — Durant la période de 1840 à 1860,
on compte 377 jours de neige, ce qui donne :

         en moyenne, par année..... 18 à 19 jours,
         au maximum............. 24 (année 1853),
         au minimum............. 5 (année 1852).

Les mois classés d'après le nombre des jours de neige
se présentent dans l'ordre suivant : janvier, février,
décembre, mars, avril, novembre, octobre et mai. Ce
n'est qu'exceptionnellement qu'on observe la neige aux
mois de mai et d'octobre. Ainsi, dans la période qui
nous occupe, elle n'a été observée que deux fois en mai
et quatre fois en octobre.

L'eau provenant de la neige n'ayant pas été régulière-
ment notée pendant la période de 1840 à 1860, nous
avons cherché à réparer cette lacune en notant l'eau
provenant de la fonte des neiges pendant la période de
1852 à 1860 exclusivement, et nous avons trouvé que,
pendant ce laps de temps, il est tombé :

         en moyenne, par année.. 42^{mm} de neige,
         au maximum.......... 83^{mm} (année 1853),
         au minimum .... 14^{mm} (année 1852).
         ____
         variation.... 69^{mm}

Jours de grêle et de grésil. — Pendant la période de vingt années, il y a eu 427 jours de grêle ou de grésil, ce qui donne par an :

en moyenne . . . . . 21 jours de grêle ou de grésil,
au maximum . . . . 35 — (année 1845),
au minimum . . . . . 11 — (année 1852).

variation . . . 24 jours.

En consultant le tableau X, on voit qu'il grêle surtout en hiver et au printemps, fort peu en automne, et encore moins pendant l'été. Ainsi, on compte en moyenne 7 jours de grêle en hiver, 8,7 au printemps, tandis qu'on n'en compte que 3,5 en automne et 1,2 en été. La grêle est amenée par les vents d'ouest, de nord-ouest et de sud-ouest.

Jours de tonnerre et d'éclairs. — Les orages sont assez fréquents en été. En prenant la moyenne des jours où il a tonné ou éclairé pendant la période que nous étudions, nous trouvons par année :

en moyenne . . . . 23 jours,
au plus . . . . 36 — (année 1852),
au moins . . . . 14 — (année 1851).

variation . . . 22 jours.

Le tableau X nous indique que les orages se montrent rarement en hiver et fréquemment en été. La moyenne des orages par saison est de : 1,2 en hiver, 3,6 au printemps, 12,0 en été, 5,1 en automne.

Les mois classés d'après le nombre de jours où il a tonné ou éclairé à Abbeville pendant ces vingt années se présentent dans l'ordre suivant : juin, juillet, août, mai, septembre, novembre, avril, octobre, décembre, mars et février.

Les vents du sud et de l'ouest et leurs dérivés paraissent exercer une influence marquée sur la production des orages.

BROUILLARD ET BRUME. – Des brouillards plus ou moins épais attristent souvent le printemps, mais plus souvent encore l'automne et l'hiver. Généralement les brouillards d'automne coïncident avec les beaux jours de cette saison. Les brouillards règnent rarement une journée entière : ils s'élèvent au matin et se dissipent quelques heures après ; au printemps et en automne, ils reparaissent le soir. — Il y a, par année :

en moyenne.... 173 jours de brume ou brouillard
au maximum... 194 — (année 1847),
au minimum... 138 — (année 1845).

variation.. 56 jours.

JOURS SEREINS. — Les jours sereins sans le moindre nuage sont très-rares à Abbeville ; c'est à peine si l'on en compte 1 sur 23 jours, c'est-à-dire 16 à 18 jours sereins au plus par année.

JOURS COUVERTS. — Il y a, par année :

en moyenne......... 66 jours couverts,
au plus............. 88 — (année 1843),
au moins............ 40 — (année 1859).

variation... 48 jours.

JOURS DE BEAU TEMPS. — Il y a, par année :

en moyenne....... 143 jours de beau temps,
au plus.......... 189 — (année 1848),
au moins......... 101 — (année 1852).

différence.. 88 jours.

Les mois classés d'après les jours de beau temps se présentent dans l'ordre suivant : mai, août, juillet, juin, avril, septembre, mars, octobre, février, janvier, novembre et décembre.

TABLEAU IX.—Météores divers.—État du ciel

(1840 à 1860)

ANNÉES.	JOURS					
	de neige	de grêle ou de grésil.	de tonnerre	de brouillard et de brume	couverts	de beau temps.
1840	17	23	19	166	50	164
1841	32	17	34	193	78	102
1842	18	14	28	175	56	176
1843	22	21	24	167	88	129
1844	29	21	19	185	86	147
1845	23	35	27	138	62	130
1846	15	21	21	159	74	136
1847	25	20	16	194	62	102
1848	7	19	21	179	58	189
1849	16	18	18	192	82	177
1850	13	20	20	178	78	174
1851	8	29	14	139	68	175
1952	5	25	36	169	42	101
1853	34	31	25	180	60	177
1854	15	18	30	164	64	112
1855	24	11	22	190	82	108
1856	22	17	26	178	82	121
1857	19	22	28	172	66	145
1858	18	26	20	160	68	156
1859	15	19	19	181	46	151
Moyenne.....	18	21	23	173	66	143
Maximum	34	35	36	194	88	189
Minimum.....	5	11	14	138	46	101
Variation.....	29	24	22	56	42	88

Le nombre de jours de pluie s'élevant, comme nous l'avons noté, à 174, on voit que le nombre moyen des jours de beau temps qui n'est de 143, se trouve inférieur de plus d'un cinquième à celui des jours où il tombe de l'eau à Abbeville.

TABLEAU X. — Nombre moyen des orages à Abbeville.

(1840 à 1860)

MOIS ET SAISONS.	MOYENNES DES JOURS	
	de grêle ou de grésil	de tonnerre et d'éclairs
Décembre........................	2,2	0,9
Janvier.........................	2,5	0,2
Février.........................	2,4	0,1
HIVER..............	7,1	1,2
Mars............................	3,4	0,3
Avril...........................	3,2	1,2
Mai.............................	2,1	2,1
PRINTEMPS	8,7	3,6
Juin............................	0,6	4,2
Juillet.........................	0,3	4,5
Août............................	0,6	3,3
ÉTÉ................	1,5	12,0
Septembre.......................	0,5	2,8
Octobre.........................	1,4	2,1
Novembre........................	1,6	1,2
AUTOMNE............	3,5	6,1
ANNÉE MOYENNE.................	21.	23.

CHAPITRE IV

Des vents

Sommaire. — Fréquence des vents, leur direction ; — forces du vent ; — influence des vents sur le baromètre ; — influence du vent sur la pluie.

Dès que l'air perd l'équilibre de sa densité, il se produit un mouvement de l'atmosphère qui prend le nom de *vent*, et dont les causes se réduisent peut-être à de simples différences de température entre des pays plus ou moins rapprochés. Lorsque deux régions voisines se trouvent inégalement échauffées, l'air de la région chaude se transporte dans les couches supérieures de la région froide, et il se produit à la surface du sol un courant contraire.

On distingue plusieurs espèces de vents. On appelle vents *généraux* ou vents *alisés* ceux dont la direction est constante ; ils règnent entre les tropiques. Nous n'avons pas à nous en occuper.

Les vents *périodiques* ou *moussons* soufflent dans une certaine direction pendant plusieurs mois, et sont suivis de vents contraires d'une égale durée.

On donne le nom de vents irréguliers à ceux qui soufflent de différents côtés, sans observer ni époque ni durée déterminée. Il arrive assez communément que plusieurs de ces vents soufflent en même temps à des hauteurs différentes. Pour s'en convaincre qu'on regarde les nuages, on en verra, même pendant un temps peu agité, suivre toutes les directions.

Les vents irréguliers sont les vents les plus ordinaires

des zônes tempérées, et par conséquent ceux qu'on rencontre le plus souvent dans notre contrée. Cependant, on
observe quelquefois dans ce pays, comme le fait très-bien
remarquer notre collègue M. Brion (1), une succession
de vents semblables à ceux qui caractérisent les moussons et les brises. Ainsi, au printemps et en été, le
matin quand le temps est calme, il règne un vent sud-est
très léger vers huit heures du matin. Peu de temps
après, le vent tourne du sud-est au sud, puis à l'ouest,
et enfin le nord-ouest s'élève doucement; ce n'est guère
que dans l'après-midi que la direction nord-ouest est
bien décidée. Ce vent nord-ouest a sa plus grande force
de midi à quatre heures; il cesse après le coucher du
soleil; puis le lendemain matin le sud-est reparaît. Il
est bien entendu que ces vents d'une faible intensité
cessent d'être perceptibles, quand il en règne d'autres
même peu forts; le phénomène n'a lieu aussi avec toutes
ses variations que dans les belles journées de printemps
et d'été.

Dans nos observations, la direction des vents était
donnée par les girouettes des tours de l'église St-Vulfran,
dont la hauteur est de 53 mètres au-dessus du sol.

Fréquence et direction des vents. - La fréquence
des différents vents est indiquée dans le tableau n° XI.
Sur 100 vents notés pendant l'année, le vent d'ouest a
été observé 14 fois; ce même vent a été noté 11 fois
sur 100 dans les observations d'hiver, et seulement 6
fois sur 100 dans les observations de décembre. Les
nombres du tableau ci-contre indiquent donc en centièmes la fréquence de chaque vent.

(1) *Mémoires de la Société d Émulation*, année 1841, p. 300.

Les vents, comme on le sait, prennent leur dénomi-
nation de la partie d'où ils soufflent; nous les avons
rapportés dans nos tableaux aux huit directions: nord,
nord est, est, sud est, sud, sud-ouest ouest, nord-ouest.

TABLEAU XI. — **Fréquence et direction des
vents dans l'année moyenne à Abbeville.**

(1840 à 1860)

MOIS ET SAISONS.	SUR 100 VENTS IL Y A EN MOYENNE							
	N.	N-E	E.	S-E.	S.	S-O.	O.	N-O.
Décembre	6	16	10	20	10	22	6	10
Janvier	6	13	10	15	13	20	13	10
Février	7.	14	7	14	14	22	11	11
HIVER . . .	6	14	9	17	12	22	10	10
Mars.	10	20	6	10	6	16	20	12
Avril.	10	30	10	5	6	10	13	16
Mai	10	29	13	3	6	10	13	16
PRINTEMPS. .	10	26	10	6	6	12	15	15
Juin	13	11	4	6	6	13	23	24
Juillet.	13	10	6	3	10	13	25	20
Août.	6	10	6	3	10	16	23	26
ÉTÉ	11	10	5	4	9	14	24	23
Septembre.	6	16	10	6	13	20	13	16
Octobre.	6	14	6	13	11	27	6	16
Novembre.	6	13	6	20	13	26	6	10
AUTOMNE . .	6	14	7	14	12	25	8	14
Année	8	16	8	10	10	18	14	16
Maximun	12	21	11	14	12	26	20	22
Minimum	5	11	6	7	6	15	9	12
Variation	7	10	5	7	6	11	11	10

On remarque dans ce tableau la prédominance des vents nord-est, sud-ouest, ouest et nord ouest, dans le cours de l'année.

On y voit, en outre, que les vents classés suivant leur fréquence et d'après les saisons se montrent dans l'ordre ci-dessous, et que sur 100 vents il y a :

En hiver,

Sud-ouest	22
Sud-est	17
Nord-est	14
Sud	12
Nord-ouest	10
Ouest	10
Est	9
Nord	6

Au printemps,

Nord-est	26
Ouest	15
Nord-ouest	15
Sud-ouest	12
Nord	10
Est	10
Sud-est	6
Sud	6

En été,

Ouest	24
Nord-ouest	23
Sud-ouest	14
Nord	11
Nord-est	10
Sud	9
Est	5
Sud-est	4

En automne ,

Sud-ouest 25
Nord-ouest 14
Sud-est 14
Nord-est 14
Sud 12
Ouest 8
Est 7
Nord 6

Les vents dominants sont donc :

Au printemps, les vents nord-est, ouest et nord-ouest.

En été, les vents ouest, nord ouest et sud ouest.

En automne, les vents sud-ouest, nord-ouest, sud-est et nord-est.

En hiver, les vents sud-ouest, sud est et nord-est.

Dans les hivers secs et rudes, on voit, au contraire, dominer les vents d'est, nord-est et de sud est. Lorsqu'en hiver les vents de nord-est et de l'est tiennent longtemps, les gelées arrivent, le froid est plus rigoureux.

Dans les étés exceptionnellement chauds, ce sont les vents d'est, de nord-est et de nord-ouest qui règnent.

On remarque aussi, en été, le grand courant équatorial sud-ouest à la marche des nuages élevés ; souvent, dans ce cas et dans toutes les saisons, on observe le courant inférieur polaire nord-est qui souffle à la surface du sol. La rencontre de ces deux courants opposés engendre les autres vents, et détermine quelquefois les orages de grêle de l'été et les tempêtes de la mauvaise saison.

Les vents nord-est règnent encore quelquefois au commencement de l'automne et en hiver.

Les vents du sud et de l'ouest vont aussi quelquefois en augmentant en automne.

Forces du vent. — Sur 100 vents, il y a en moyenne:

	Vents forts.
En décembre	20
janvier	26
février	23
Hiver	23
En mars	28
avril	18
mai	19
Printemps	22
En juin	19
juillet	18
août	14
Été	16
En septembre	20
octobre	25
novembre	22
Automne	22

Sur 100 vents, il y a donc en moyenne 21 vents forts, c'est-à-dire un peu plus de 1 sur 5.

Il résulte, en outre, de ce tableau que les mois, eu égard aux jours de grand vent, se classent dans l'ordre suivant: mars, janvier, octobre, février, novembre, décembre, septembre, mai, juin, juillet, avril et août. Si l'on examine les vents relativement aux saisons, on voit que les grands vents sont en nombre égal au printemps et en automne, qu'ils augmentent un peu en hiver, et qu'ils sont beaucoup moins fréquents en été que dans les autres saisons.

Les vents forts, étudiés eu égard à leur direction, nous fournissent les résultats ci-dessous.

Sur 100 vents forts, il y en a en moyenne par année :

N. N-E. E. S-E. S. S-O. O. N O.

7,2. 10. 9,1. 6,2. 6,7. 17,1. 30. 13,5.

Quant aux vents très-forts ou aux tempêtes, ils s'observent rarement en été, quelquefois en automne, plus fréquemment au commencement du printemps et surtout en hiver. Enfin, sur 100 vents, il y a en moyenne par année 1,6 de vents très-forts. Ces tempêtes nous arrivent plus particulièrement de l'ouest, ou plutôt de la région comprise entre le nord ouest et le sud-ouest.

INFLUENCE DES VENTS SUR LE BAROMÈTRE. — Il résulte de nos observations que la hauteur barométrique moyenne est plus grande par les vents du nord que par les vents du sud. La différence s'élève à 7 millimètres 74/1000 en faveur du vent de nord-est sur celui de sud-ouest, auquel correspond la plus petite hauteur moyenne. Le vent sud-ouest étant celui qui règne dans le plus grand nombre de jours pluvieux ; ce rapprochement mérite d'être remarqué.

Les vents disposés d'après les hauteurs barométriques correspondantes, en partant des plus grandes hauteurs moyennes, se présentent dans l'ordre ci-dessous :

Hauteurs barométriques selon les vents.

Résultat de trois années d'observation.

Nord est.............................. 761,527
Nord................................. 760,922
Nord-ouest 759,477
Est 758,997

Ouest 758,318
Sud-est 757,611
Sud. 755,589
Sud-ouest 754,453

Faisons observer, en passant, que les orages qui éclatent dans nos contrées sont bien plus intenses quand le vent souffle de l'ouest, sud-ouest au sud, que quand il nous arrive du côté opposé. La marche du baromètre est aussi bien plus influencée dans le premier cas que dans le second. En général, dans notre contrée, un changement brusque dans la direction du vent et une dépression d'une dizaine de millimètres dans la colonne mercurielle, sont les précurseurs ordinaires d'un bouleversement atmosphérique et surtout d'un violent orage.

INFLUENCE DU VENT SUR LA PLUIE. — Si l'on recherche l'influence du vent sur la pluie, on trouve que sur 100 pluies observées à Abbeville, de 1855 à 1860,

il en est tombé, 8 8 4 5 10 33 18 14
par le vent,   N. N-E. E. S-E. S. S-O. O. N-O.

c'est-à-dire à peu près le tiers par le vent du S.-O ,

le sixième par le vent d'O.,

le septième par le vent N.-O.,

le dixième par le vent du S.,

le douzième par le vent N. et N-E

le vingtième par le vent S.-E.,

le vingt-quatrième par le vent d'E

On voit donc que les vents rangés d'après le plus grand nombre de jours pluvieux correspondants se présentent dans l'ordre suivant : sud-ouest, ouest, nord-ouest, sud, nord-est, nord, sud-est, est.

CHAPITRE V

Observations hygrométriques

Sommaire — État hygrométrique de l'air ; — humidité dans l'année moyenne à Abbeville.

Dans le temps où l'air paraît le plus sec, il renferme beaucoup de vapeur Pour rendre celle-ci manifeste, on n'a qu'à placer dans l'air un vase rempli d'un mélange réfrigérant, en quelques minutes cette vapeur d'eau se dépose à l'état de glace sur les parois du vase : une simple carafe remplie d'eau froide la précipite à l'état liquide.

On définit, en météorologie, l'humidité ou l'*état hygrométrique de l'air*, le rapport de la quantité de vapeur d'eau contenue dans l'air à celle qu'il pourrait contenir s'il était saturé, et on détermine ce rapport à l'aide d'instruments appelés *hygromètres* ou *hygroscopes*.

L'hygromètre à cheveu de Saussure a été employé par nous pendant six années, de 1856 à 1862 ; depuis cette époque, nous apprécions la tension de la vapeur contenue dans l'air à l'aide du *psychromètre d'August*. Une circonstance indépendante de notre volonté nous a empêché de continuer ces observations météorologiques (1).

Si l'air était toujours complètement saturé de vapeur au moyen de sa température et de la table des tensions de la vapeur d'eau, on en déterminerait la force élastique et on pourrait très-facilement trouver le poids de la

(1) Une fracture compliquée du membre inférieur nous a forcé de suspendre nos observations pendant plusieurs mois (1863 64).

vapeur qui se trouve dans un volume d'air quelconque.
Supposons, par exemple, que la température soit de 11
degrés; d'après la table, la force élastique de la vapeur
sera de $0^m,010$; un litre d'air à la pression $0^m,010$ pèserait 10/760 ou 1/76 de $1^g,299$, poids d'un litre d'air sous
la pression $0^m,760$ et à zéro ou $0^g,017$. Mais la densité
de la vapeur d'eau sous la même pression, n'est que les
10/16 de celle de l'air; il faudrait donc réduire ce poids
dans le rapport de 10 16 ; ce qui donnerait $0^g,0106$. Ce
petit calcul indique la manière de déterminer la quantité
absolue de vapeur contenue dans un volume d'air connu
supposé à l'état de saturation. Il est seulement indispen-
sable, pour la correction du calcul, de ramener le poids
de l'air à la température de l'expérience, c'est-à-dire de
diviser le poids de $1^g,299$ d'un litre à zéro par le nombre
$1 + 0^m,00375 \times t$; 0,00375 étant le coefficient de la
dilatation des gaz et t la température de l'air. Mais l'air
n'étant presque jamais saturé, la tension de la vapeur
qu'il contient n'est qu'une fraction très-variable de la
tension maximum de la vapeur à cette température.

L'hygromètre n'indiquant que le plus ou le moins
d'humidité de l'air et nullement la quantité absolue de
vapeur, il est très-important de connaitre les rapports
entre les divers degrés de l'hygromètre et les quantités
d'eau correspondantes. M. Mac Melloni a entrepris ce
travail et a publié une table (1) à l'aide de laquelle il est
facile de déduire des degrés de l'hygromètre de Saussure
la fraction de saturation ou l'humidité relative exprimée
en centièmes. On trouve aussi dans l'*Annuaire météorologique de France* (année 1839, p. 11) une table *des valeurs*

(1) *Météorologie de Kœmtz,* traduction de M. Martius, page 80,
et *Annuaire météorologique de France* (année 1849, page 213).

corrélatives des fractions de saturation données par le psychromètre et des indications correspondantes de l'hygromètre. Nous ferons même remarquer que cette table de correspondance s'accorde assez exactement avec celle qui a été donnée par M. Mac Melloni.

Le tableau XII indique la répartition de l'humidité dans l'année moyenne à deux heures après-midi. La température de deux heures après-midi a été déterminée avec soin, les degrés de l'hygromètre et du thermomètre étaient notés chaque jour à cette heure (1856 à 1862).

La première colonne du tableau indique les moyennes mensuelles de l'hygromètre, la deuxième colonne indique la fraction de saturation correspondant au degré de l'hygromètre déduite d'après la table de Mac Melloni. Les trois colonnes suivantes contiennent les humidités extrêmes et l'oscillation mensuelle.

Les nombres des deux dernières colonnes indiquent, en moyenne, combien dans chaque mois et à deux heures après-midi l'air saturé contiendrait de vapeur et combien l'air humide en renferme.

Connaissant la température moyenne de deux heures après-midi, il est facile de calculer les éléments hygrométriques relatifs à chaque mois. Veut-on, par exemple, calculer les éléments hygrométriques relatifs au mois de septembre, on dirait la température de septembre à deux heures après-midi est en moyenne $16°$; à cette température, l'air saturé contiendrait de la vapeur qui aurait une force élastique représentée par $13,6$, ou qui pèserait $13,6$ par mètre cube. Mais cet air n'est pas saturé, puisque l'hygromètre ne marque pas $100°$, mais seulement $81°$ correspondant à un état hygrométrique égal à 69. La vapeur contenue dans l'air n'est donc que les $69/100^{mes}$

de celle qu'il pourrait contenir, la force élastique n'est donc que $0,69 \times 13,6 = 9,3$.

Nos deux collègues, MM. Brion et Decharmes, n'ont point fait d'observations hygrométriques. Nos observations sur l'humidité de l'atmosphère ne datant que du 1er juillet 1856, nous ne pouvons donner ici que le résumé de nos six années d'observations, résumé assez complet, ce nous semble, pour donner une idée de notre climat, envisagé sous ce point de vue.

Durant cette période, l'humidité a été :

en moyenne, par an............. 71
au plus......................... 78 (1856)
au moins....................... 61 (1859)
                 variation.......... 17

Elle s'est élevée :

en moyenne à................. 96
au plus à..................... 100
au moins à.................... 91
                 variation.......... 9

Elle s'est abaissée :

en moyenne à................. 40
au plus....................... 51
au moins...................... 33
                 variation.......... 18

Les mois les plus humides sont les mois de novembre, décembre et janvier, c'est-à-dire que les mois les plus humides sont aussi les mois les plus froids.

Les mois les moins humides sont les mois de juin, juillet et août, c'est-à-dire que les mois les moins humides sont aussi les mois les plus chauds.

Le maximum d'humidité arrive, en général, en automne et en hiver. Pendant ces deux saisons, l'hygromètre atteint souvent sa limite extrême. Le minimum d'humidité tombe en avril et en août.

TABLEAU XII. — Humidité dans l'année moyenne à deux heures de l'après-midi.

(1856 à 1862)

MOIS ET SAISONS.	Moyenne de l'hygromètre de Saussure.	HUMIDITÉ (en centièmes)				VAPEUR contenue dans l'air	
		moyenne	maximum	minimum	oscillation	saturé	humide
Décembre.	90,0	81	94	69	25	6,7	5,5
Janvier . . , . . .	90,0	81	94	67	27	6,2	5,1
Février	86,3	77	93	62	31	6,9	5,6
HIVER	88,8	79	93	66	28	6,6	5,4
Mars	81,4	70	90	53	37	8,4	5,8
Avril	78,0	66	85	45	40	11,3	6,9
Mai	78,1	66	84	44	40	15,3	9,1
PRINTEMPS . .	79,1	67	86	47	39	13.	7,3
Juin.	76,5	64	80	43	37	18,3	10,5
Juillet.	75,8	62	82	45	37	19,8	11,9
Août	78,0	66	84	48	36	19,3	11,5
ÉTÉ.	76,7	64	82	45	37	19,1	11,3
Septembre	82,9	72	88	56	32	13,6	9,3
Octobre.	88,1	78	92	59	33	10,3	8,1
Novembre.	90,2	81	93	68	25	7,1	5,8
AUTOMNE . . .	87,0	77	91	61	30	10,9	8,1
Année moyenne. .	82,4	71	96	40	56	''	''
Maximum	88,2	78	100	51	69	''	''
Minimum	73,9	61	91	33	45	''	''
Variation	14,3	17	9	18	24	''	''

CHAPITRE VI

Observations barométriques

Sommaire. — Pression barométrique moyenne, ses variations ; — hauteurs barométriques dans l'année moyenne.

L'instrument employé dans les observations sur la pression atmosphérique est un baromètre à cuvette mobile (n_0 42) de Bunten. Il a été comparé à celui de l'Observatoire de Paris et trouvé très-exact. En conséquence, aucune correction n'est nécessaire relativement à son *équation*.

Pour la réduction à zéro de la colonne de ce baromètre dont l'échelle est gravée sur le tube même, on s'est servi des coefficients suivants :

Dilatation cubique du mercure :
(d'après Petit et Dulong) pour 100°........ 0,0180180

Dilatation linéaire du verre :
(d'après Regnault) pour 100°............. 0,0008333

Dilatation de la colonne mercurielle,
pour 100°............................... 0,0171847
pour 1°................................ 0,0001718

Hauteur observée réduite à zéro,

$$H = h - h\,(0{,}0001718)\,T.$$

h étant la hauteur lue sur l'échelle de l'instrument, T la température donnée par le thermomètre fixée au baromètre.

En comparant cette formule à celle qui a servi à M Delcros pour la formation des tables de réduction à zéro qu'il a données dans l'*Annuaire Météorologique de la France pour* 1849, on trouve que le rapport entre les deux corrections est :

$$X = \frac{h\,(0,0001714)\,T}{h\,(0,0001614)\,T} = \frac{0,0001714}{0,0001614} = 1,064$$

nombre par lequel on a multiplié tous les résultats fournis par les tables de M. Delcros pour les hauteurs correspondantes aux températures observées.

On a déterminé la correction relative à la capillarité d'après les données suivantes :

1º Diamètre extérieur du tube entre 700 et 800mm. . . . . = 10mm.

Diamètre intérieur calculé d'après le procédé donné dans la météorologie de Kæmtz. . 7mm,86

Rayon intérieur du tube. 3mm,93

2º Longueur de la flèche du ménisque. 1mm,01

Dépression capillaire d'après les données fournies par les tables publiées dans l'*An nuaire Météorologique de* 1849. . . . . 0mm,55

C'est ce nombre qui a été ajouté à toutes les observatons barométriques réduites à zéro.

EXPOSITION ET MODE D'OBSERVATION — L'instrument est suspendu bien verticalement dans l'embrasure d'une fenêtre, endroit où les variations de température ne sont pas trop brusques. Son exposition est nord-nord-ouest.

Le niveau de la cuvette du baromètre est à 15 mètres 827 millimètres (1) au-dessus du niveau de la mer, et à 5 mètres au-dessus du sol de la rue

(1) Cette cote est due à l'obligeance de M. Cambuzat, ingénieur des ponts-et-chaussées à Abbeville. (Voyez Decharmes, *Mémoires de la Société d'Émulation*, année 1849 à 1850. p. 99).

Trois observations sont faites chaque jour : à neuf heures du matin, à midi et à neuf heures du soir.

La moyenne de la hauteur barométrique est donnée par la moyenne des trois observations quotidiennes. Des jours on s'élève aux moyennes des mois, et de celles-ci à la moyenne de l'année ; de la moyenne des années, on déduit la hauteur barométrique moyenne du lieu. Ainsi, d'après vingt années d'observations, comprises entre 1840 et 1860, on trouve que la hauteur moyenne du baromètre réduite à zéro est, à Abbeville, de 760^{mm},12.

Ces moyennes annuelles s'écartent peu de cette limite, car la plus grande a été de....... 762^{mm},77 (1854),

— petite de............ 756^{mm},65 (1849).

différence..... 6^{mm},12

Dans le courant de l'année, le baromètre s'élève :

en moyenne à..... 776^{mm},81.
au plus à......... 779^{mm},48 (14 févr. 1854),
au moins à........ 774^{mm},35 (1841).

Il s'abaisse :

en moyenne à..... 734^{mm},63,
au plus à......... 738^{mm},25,
au moins......... 734^{mm},00 (15 janv. 1846).

La variation annuelle du baromètre est donc :

en moyenne de........... 42^{mm},00
au plus de............. 47^{mm},67
au moins de............ 38^{mm},94

La moyenne *vraie* (eu égard à l'altitude), en admettant une diminution de 1 millimètre pour une élévation de 10 mètres 8 centimètres au-dessus du niveau de la mer, est de 758^{mm},60.

TABLEAU XIII. — Pression barométrique à Abbeville.

(1840 à 1860)

ANNÉES.	HAUTEURS RÉDUITES A ZÉRO.			VARIATION.
	Pression moyenne	Maximum.	Minimum.	
1840	761,26	777,12	732,22	44,90
1841	757,42	774,35	734,56	39,79
1842	758,55	775.31	736,37	38,94
1843	756.65	776,07	734,82	41,25
1844	761,92	776,88	733,10	43,78
1845	759,76	778,36	734,20	44,16
1846	761,74	774,75	731,90	42,85
1847	759,84	774,81	735,30	39,51
1848	758,39	776,95	734,22	42,73
1849	760,47	778,10	736,24	41,86
1850	759,70	779.40	734,10	45,30
1851	762,36	777,14	737,24	39,90
1852	760,24	776,95	737,42	39,53
1853	759,82	777,19	738,25	38,94
1854	762,77	779,48	731,81	47,67
1855	760,99	776,24	732,41	43,83
1856	760,61	776,79	732.75	44,04
1857	758,81	776,38	736,71	39,67
1858	760,93	777,94	734.66	43,28
1859	760,11	776,15	734,41	41,74
Moyenne.....	760,12	776,81	734,63	42,18
Maximum....	762,77	779,48	738,25	47,67
Minimum.....	756,65	774,35	731,81	38,94
Variation.....	6,12	5,13	6,44	8,73

D'après le tableau XIV, la plus grande moyenne mensuelle, qui est celle de décembre, dépasse la moyenne annuelle de $2^{mm},12$; la plus basse, qui est celle d'octobre, ne descend qu'à $1^{mm},69$ au-dessous de cette moyenne. La différence entre ces extrêmes s'élève à $3^{mm},81$.

TABLEAU XIV.—Marche du baromètre dans l'année moyenne à Abbeville.

(1840 à 1860)

MOIS ET SAISONS	HAUTEURS RÉDUITES A ZÉRO			OSCILLATION
	Moyenne.	Maximum.	Minimum	mensuelle.
Décembre	762,24	773,89	745,72	28,17
Janvier	759,75	773,30	742,65	31,05
Février	759,25	771,50	741,54	29,96
HIVER......	760,41	"	"	29,72
Mars	761,31	773,32	745,73	27,59
Avril	759,71	768,54	746,08	22,46
Mai.........	759,06	768,15	747,91	20,24
PRINTEMPS..	760,03	"	"	23,43
Juin.........	760,14	769,77	750,61	19,16
Juillet	760,03	768,31	751,40	16,91
Août.........	761,21	770,89	750,72	20,17
ÉTÉ........	760,46	"	"	18,74
Septembie....	761,16	771,38	747,05	24,33
Octobre......	758,43	771,49	741,80	29,69
Novembre....	759,22	773,55	743,33	30,22
AUTOMNE. .	759,60	"	"	28,08
Année	760,12	771,17	746,21	24,96
Maximum	762,24	773,89	751,40	31,05
Minimum.....	758,43	768,15	741,54	16,91
Variation.....	3,81	4,74	9,86	14,14

CHAPITRE VII

Observations ozonométriques

L'ozone ou l'*oxygène électrisé* a été découvert, en
1839, par M. Schœnbein, professeur de chimie à Bâle.
Ce chimiste n'avait pas, il est vrai, reconnu de suite la
nature de l'ozone. Pour lui, l'ozone (1), (ainsi nommé du
mot οζον, participe présent du verbe οζω, *je sens*), fut
d'abord un principe odorant émanant d'un corps simple
élémentaire; plus tard, il le considéra comme un composé
d'oxygène et d'hydrogène; puis, vinrent les belles recherches de MM. Marignac (2), de la Rive (3), Frémy et
Becquerel (4), qui constatèrent que l'ozone est de l'*oxy
gène électrisé*. Il est donc bien démontré aujourd'hui que
l'ozone n'est qu'un état passager de l'oxygène, une
forme *allotropique*, qui modifie ses caractères apparents
sans changer sa nature réelle. Ainsi, l'ozone ou l'*oxygène
électrisé* est devenu un oxidant très-énergique dans les
conditions ou l'oxygène ordinaire est inactif; de plus, il
a une odeur assez forte et caractéristique qu'on peut

(1) Sur la nature de l'ozone, par Schœnbein. (*Annales des
Physick und Chemie*, tome LXIII, page 60).

(2) Sur la production et la nature de l'ozone. (*Comptes-rendus
de l'Académie des Sciences*, vol. XX, p. 808; 1845).

(3) Extrait d'une lettre de M. de la Rive, de Genève, à M. Arago.
(*Comptes-rendus de l'Académie des Sciences*, p. 1291; 1845).

(4) *Annales de Chimie et de Physique*, 3ᵉ série, t. XXXV, p. 62;
1852).

comparer à celle du phosphore ou du soufre en combustion, odeur rappelant aussi celle qui se répand aux environs des objets frappés de la foudre.

M. Schœnbein soupçonnant l'existence de l'ozone dans l'atmosphère institua en 1840, c'est-à-dire quelques mois après sa découverte, une série d'expériences qui mirent en évidence le fait dont il avait à l'avance l'intime conviction. Quelques années plus tard, l'ozone atmosphérique a été l'objet d'un grand nombre de travaux tant en France qu'à l'étranger (1).

La découverte de l'ozone est, en effet, un véritable évènement météorologique et chimique. Le rôle de cet agent ne peut être méconnu dans une foule de phénomènes où son action n'était pas même soupçonnée, et probablement il grandira encore lorsqu'on connaîtra sa puissance sur les miasmes telluriques et ses rapports avec le développement de quelques maladies et de certaines épidémies. Mais pour arriver à l'interprétation des phénomènes variés que ce corps peut présenter, il faut une longue série d'observations faites sans interruption et pendant un grand nombre d'années. « En météorologie, dit M. Arago, *Annuaire du Bureau des Longitudes* (année 1836), on doit savoir se résigner à faire des observations qui, pour le moment, peuvent ne conduire à aucune conséquence saillante ; il faut, en effet songer à

(1) 1° Th. Bœckel, de Strasbourg, *Mémoire sur l'ozone*, 1854.

2° *Thèse inaug.* du Dr E. Bœckel *sur l'ozone*, 1856.

3° Mémoires du Dr Bérigny, de Versailles, 1856, 1857, 1858.

4° Travaux du Dr Grellois ; Simonin père, de Nancy ; les comptes-rendus de la *Gazette médicale de Strasbourg*, par le D^r Th. Bœckel.

5° Le *Livre de l'ozone*, par le Dr Scoutteten. Metz, 1856.

pourvoir nos successeurs de termes de comparaison, il faut leur préparer les moyens de résoudre une foule d'importantes questions qu'il ne nous est pas actuellement permis d'aborder. »

La production de l'ozone dans l'atmosphère est subordonnée au développement de l'électricité et au degré d'humidité de l'air. On sait, d'ailleurs, que l'ozone est formée :

1o Par l'électrisation de l'oxygène qui s'échappe de l'eau ;

2o Par l'électrisation de l'oxygène sécrété par les plantes ;

3o Par l'électrisation de l'oxygène dégagé dans les actions chimiques ;

4o Par des phénomènes électriques réagissant sur l'oxygène de l'air atmosphérique.

Après avoir démontré l'existence de l'ozone dans l'air atmosphérique et ses sources diverses, il fallait trouver un instrument capable d'en indiquer la présence et d'en mesurer la quantité relative.

M. Schœnbein, se basant sur l'action chimique de l'ozone sur certains corps composés et plus particulièrement sur l'action chimique de l'ozone sur l'iodure de potassium qu'il décompose facilement en mettant l'iode en liberté, a donné la préférence à ce réactif et a fait préparer avec cet agent et l'amidon un papier destiné à indiquer par les diverses nuances de sa coloration la présence de l'ozone et sa quantité.

Lorsqu'on expose une bandelette de papier amidonnée et iodurée dans une atmosphère ozonisée, le papier ne tarde pas à éprouver une altération : il jaunit, se colore de plus en plus et finit par devenir bleu s'il y a un peu d'humidité dans l'air. Dans tous les cas, après avoir laissé le papier réactif exposé à l'influence de l'ozone, il faut le tremper dans de l'eau distillée pour lui faire prendre une coloration qui sera plus ou moins foncée, selon le degré de décomposition de l'iodure de potassium.

On arrive à mesurer la quantité d'ozone renfermée dans l'air, en comparant la coloration du papier ioduré à des types soigneusement étudiés et placés de manière à former une échelle de graduation. Cette échelle chromatique porte le nom d'*ozonomètre*. Elle se compose de onze bandelettes superposées, portant des numéros depuis zéro jusque dix. La bandelette tout-à-fait blanche constitue le zéro; la bandelette la plus colorée, le numéro dix; les numéros intermédiaires ont une coloration qui varie selon qu'ils se rapprochent ou s'éloignent de la teinte la plus foncée.

Nous nous sommes servi jusqu'en 1863 du papier de M. Schœnbein; depuis cette époque, nous employons le papier de James, de Sedam, qui est plus sensible et dont les nuances sont en outre plus uniformes. Nos premières observations, qui remontent à 1855, ont été faites en plusieurs endroits de la ville, dans les fossés des fortifications, dans les faubourgs, et notamment au moulin situé au faubourg Menchecourt-lès-Abbeville, vers la partie la plus élevée de la rue des Argillières. La durée de l'exposition du papier ozonoscopique était de douze heures pour chaque observation.

L'observation diurne commençait à sept heures du matin et finissait à sept heures du soir; l'observation nocturne durait de sept heures du soir à sept heures du matin. Nous avons consigné dans le tableau ci-dessous le résumé de nos observations de 1857 à 1863.

TABLEAU XV.—Observations ozonométriques

(1857 à 1863)

MOIS ET SAISONS.	MOYENNES des observations.
Décembre....	1,9
Janvier....	2,2
Février	2,0
HIVER..	2,3
Mars	1,9
Avril	1,8
Mai	1,7
PRINTEMPS	1,8
Juin	2,0
Juillet	2,3
Août	1,8
ÉTÉ	2,0
Septembre	1,4
Octobre	1,5
Novembre	1,9
AUTOMNE	1,6
Année	1,9
Maximum	2,5
Minimum	1,6
Variation	0,9

On voit, d'après le tableau XV, que dans le courant de l'année l'ozone est:

en moyenne.................. 1,9
au plus..................... 2,5
au moins 1,6

Il résulte de plus du tableau précédent, qu'à Abbeville pendant la période de 1857 à 1863, la quantité d'ozone la plus faible a été observée en automne et la plus forte en hiver.

La quantité d'ozone à Abbeville, suivant les saisons, est de : 2,3 pendant l'hiver ;

    1,8   —   le printemps ;

    2,0   —   l'été ;

    1,6   —   l'automne.

Si, au lieu d'examiner la répartition de l'ozone suivant les saisons, on examine les moyennes mensuelles, on voit que les quantités d'ozone vont toujours en augmentant de novembre à février, époque où elle atteint son plus grand maximum, puis en diminuant de mars en mai, pour augmenter de nouveau en juin et juillet, diminuer ensuite en août et septembre, pour remonter ensuite un peu en octobre et novembre.

Le maximum d'ozone s'observe en février. . . .   2,8

Le minimum s'observe en septembre.   1,4

               Variation.   1,4

Si nous recherchons les relations qui existent entre la marche de l'ozone et les indications du baromètre, du thermomètre, de l'hygromètre, l'état du ciel, l'action du soleil, les vents, les orages, la neige, la pluie, nous constatons que ces relations se trouvent dans des rapports presque identiques à ceux qui ont été indiqués par les météorologistes.

En effet, il résulte de nos observations que les variations du baromètre n'exercent aucune influence sur la coloration du papier. Lorsque la température s'élève brusquement, l'ozone diminue ; l'ozone augmente, au contraire, lorsque le thermomètre vient à baisser.

Nous avons également constaté que l'ozone augmente à peu près proportionnellement à la force élastique de la vapeur et à l'humidité relative de l'air. Quant au degré de sérénité du ciel, il nous a toujours été facile de constater que la quantité d'ozone était toujours en proportion inverse du degré de sérénité du ciel.

Les orages fournissent constamment une augmentation d'ozone, mais ce n'est pas toujours au moment même de l'orage que la coloration du papier est plus accentuée. En effet, l'orage étant quelquefois assez éloigné du lieu d'observation, l'ozone formée ne pouvant quitter la région des nuages orageux qu'à la faveur de l'humidité qui lui sert de conducteur, n'arrive près du sol qu'au moment où la vapeur aqueuse répandue dans l'atmosphère commence à se condenser.

Relativement à l'influence des vents, nous avons remarqué que la coloration de l'ozonoscope a été presque toujours en raison directe de leur intensité. Lorsque les vents d'ouest, de nord et surtout de nord-ouest sont forts, on remarque presque toujours une assez notable quantité d'ozone. L'inverse a été observé pendant le règne des vents d'est et de nord-est.

Enfin, nous avons observé une notable quantité d'ozone pendant la chute de la neige. Quand la pluie est forte continue, on note également beaucoup d'ozone; il en existe au contraire peu, si la pluie ne tombe que par intervalles et surtout en petite quantité.

Pour compléter nos recherches sur l'ozone, nous avons fait pendant quatre mois des observations ozonométriques sur les tours de Saint-Vulfran. Il nous a paru intéressant de faire des expériences à différentes hauteurs, afin de pouvoir en comparer les résultats.

Du 1er décembre 1860 au 4 avril 1861, 248 observations ozonométriques ont été faites, matin et soir, à des hauteurs différentes sur les tours de Saint-Vulfran : premièrement à 51 mètres, et secondement à 25 mètres au-dessus du sol. Désirant ne pas multiplier les tableaux déjà si nombreux, nous nous bornerons à donner ici le résumé de ces observations ozonométriques qui seront publiées plus tard, *in extenso*, dans les Mémoires de la Société d'Émulation. Aujourd'hui, pour nous résumer, nous dirons que la teinte du papier a toujours présenté une couleur plus prononcée au sommet de la tour qu'à 26 mètres plus bas, sans présenter cependant un rapport rigoureusement proportionnel. Ainsi, la nuance du papier ozonoscopique était tantôt deux fois, tantôt trois fois plus forte, tantôt deux fois et demie plus foncée au sommet de la tour que 26 mètres plus bas.

Déjà notre savant collègue et ami M. Decharmes, professeur de physique au lycée impérial d'Amiens (1), avait fait, en 1856, des observations analogues, en expérimentant sur la cathédrale d'Amiens, et il rapporte qu'il a vu constamment ses papiers présenter des teintes correspondant, en moyenne, aux numéros 0, 3, 4, 6, 7 de l'ozomètre, selon qu'ils avaient été placés au bas de la tourelle à la première galerie ou à la deuxième galerie, vers la partie élevée de la tourelle et sur le sommet de la plus haute tour. Le maximum a suivi la même progression 4, 6, 7, 9 et 10.

Dans nos expériences ozonométriques, nos bandelettes

(1) De l'ozone et de l'importance des observations ozonométriques, relativement au degré de salubrité de l'air et à la marche des épidémies. (Decharmes, *la Picardie*, revue littéraire et scientifique, année 1856, tome II, page 581).

de papier étaient suspendues au centre d'un cylindre en ferblanc de 6 centimètres de diamètre percé d'un grand nombre de trous. Un petit chapiteau en ferblanc placé à 18 centimètres au-dessus du cylindre empêchait le papier d'être influencé par le soleil ou la pluie. De cette manière, nous avons évité les causes d'erreurs qui auraient pu modifier nos résultats. Quant au cylindre en ferblanc, il était fixé à un bâton à l'aide d'une ficelle de manière à plonger librement dans l'atmosphère.

A sept heures du matin et à sept heures du soir, les papiers en expérience, préalablement numérotés et datés, étaient retirés et placés avec soin dans une boîte bien close qui nous était remise tous les jours.

La moyenne de nos observations ozonométriques diurnes et nocturnes faites au sommet des tours de l'église de Saint-Vulfran, est de 5°,3. La moyenne des observations faites à 25 mètres est de 3°,9. Le maximum 10° s'est présenté treize fois au sommet de la tour, savoir : cinq fois en décembre, quatre fois en janvier, une fois en février et trois fois en mars. Le minimum zéro a été noté dix fois à la hauteur de 25 mètres, lieu de notre seconde observation. Six fois seulement en quatre mois, nous avons observé à cette hauteur le maximum, savoir : deux fois en janvier et une fois en février après un orage, et trois fois en décembre après la chute de la neige.

Bien que nos observations à Abbeville n'ont pas fourni des résultats aussi significatifs que ceux obtenus en d'autres lieux, on voit cependant que ces observations rentrent à peu près dans les lois formulées jusqu'ici par les observateurs qui se sont occupés de cette question.

CHAPITRE VIII

**Conclusions générales.—Comparaison du climat
d'Abbeville avec celui de Paris**

Température.—D'après nos vingt années d'observations, la température moyenne des saisons, à Abbeville, est de :

$8°,74$ au printemps,
$16°,00$ en été,
$10°,21$ en automne,
$3°,11$ en hiver.

La température moyenne de ce lieu, établie d'après ces vingt années, s'élève à $9°,52$.

En comparant le climat d'Abbeville avec celui de Paris, nous constatons que la température moyenne de Paris est un peu plus élevée que la nôtre ($10°,7$ au lieu de $9°,5$). La différence entre ces moyennes est de $1°,2$.

A Paris, les moyennes sont $3°,3$ pour l'hiver, et $18°,1$ pour l'été. La différence de température entre les deux saisons est de $14°,8$ pour Paris, et de $12°,8$ pour Abbeville. Notre climat est donc un peu moins variable, à cause du voisinage de la mer.

L'été est moins chaud à Abbeville qu'à Paris. La différence est de $2°$ degrés, mais l'hiver a la même température à 2 dixièmes près ($3°,1$ au lieu de $3°,3$).

Quant aux moyennes du printemps et de l'automne, ces moyennes sont à Paris de $10°,3$ et de $11°,3$. Notre printemps est donc de $1°,5$ et notre automne de $1°,1$ plus froid qu'à Paris.

Pluies. — Il tombe en moyenne, à Abbeville, 697 millimètres d'eau. Les extrêmes observés en vingt ans, dans la moyenne annuelle, ont été de 998^{mm},9 (année 1841) et 502^{mm},6 (année 1855). A Paris, il ne tombe, en moyenne, que 546^{mm} d'eau, ce qui donne avec Abbeville une différence de 151^{mm}, résultat fort remarquable qui montre bien l'influence des vents sud-ouest qui soufflent fréquemment sur notre contrée.

La moyenne des jours de pluie est de 174. Les extrêmes observés en vingt ans ont été de 220 (année 1841) et de 145 (année 1855).

Les saisons les plus pluvieuses sont, à Abbeville, l'automne et l'été. On trouve, en effet, dans ces deux saisons le plus grand nombre de jours pluvieux et la plus grande quantité d'eau tombée. A Paris, on compte, en moyenne, 145 jours de pluie, et jamais on n'a compté plus de 204 jours de pluie, chiffre qui est inférieur de 16 jours au chiffre maximum de 220 jours observé à Abbeville.

Dans notre contrée, c'est l'automne qui donne la plus grande quantité d'eau, l'été vient ensuite, tandis que l'hiver est la saison où il tombe le moins d'eau. En d'autres termes, l'hiver et le printemps donnent chacun un peu plus d'un cinquième, l'automne le tiers, et l'été un peu plus du quart de l'eau recueillie au pluviomètre.

Vents. - La pluie règne chez nous principalement par les vents sud-ouest, ouest et nord-ouest. Ainsi, le tiers des pluies se montre par le vent sud-ouest, le sixième par le vent d'ouest, le septième par le vent nord-ouest, tandis que les vents de l'est et du sud-est nous amènent beaucoup plus rarement les pluies et doivent être considérés comme les plus secs.

Dans le cours de l'année, on remarque à Abbeville la prédominance des vents nord-est, sud ouest, ouest et nord-ouest.

Les vents dominants, classés d'après les saisons, se montrent dans l'ordre suivant :

Au printemps, les vents nord-est, ouest et nord-ouest.

En été, les vents ouest, nord-ouest et sud-ouest.

En automne, les vents sud-ouest, nord-ouest, nord-est et sud-est.

En hiver, les vents sud-ouest, sud-est et nord est.

Dans les hivers secs et rudes, les vents d'est, sud-est et nord-est règnent presqu'exclusivement.

Si l'on examine les vents relativement à leur intensité, on voit que les grands vents sont en nombre égal au printemps et en automne, qu'ils augmentent un peu en hiver, et qu'ils sont beaucoup moins fréquents en été. Sur 100 vents, il y a en moyenne 21 vents forts, c'est-à-dire un peu plus de 1 sur 5.

Quant aux tempêtes, on les observe rarement en été, quelquefois en automne, plus fréquemment au commencement du printemps, mais surtout en hiver. Il y a en moyenne, par année, 1,6 de vents très-forts ou de tempêtes par 100 vents. Ces tempêtes nous arrivent plus particulièrement de l'ouest, ou plutôt de la région comprise entre le nord-ouest et le sud ouest.

La moyenne par année des jours de neige est de 18, et l'eau provenant de la fonte de neige s'élève, en moyenne, à 42^{mm}. La neige est amenée le plus ordinairement chez nous par les vents du nord et du nord-est.

La moyenne des jours de grêle ou de grésil est de 21 jours. Il grêle surtout en hiver et au printemps, très peu en automne et très-rarement en été.

Orages.—Le nombre annuel moyen des orages est de 23. La moitié des orages se montrent, à Abbeville, en été, et le quart environ en automne.

La moyenne des orages par saison est de: 1,2 en hiver, 3,6 au printemps, 12,0 en été, et 5,1 en automne. Les vents du sud, de l'ouest et leurs dérivés paraissent exercer une influence marquée sur la production des orages.

La moyenne par année des jours de brouillard ou de brume est de 173, celle des jours de beau temps 143, et celle des jours couverts 66.

.Le nombre des jours de pluie s'élevant à 174. on voit que le nombre moyen des jours de beau temps se trouve inférieur de plus d'un cinquième à celui des jours où il tombe de l'eau à Abbeville.

Humidité.— L'air renferme en moyenne 71 centièmes d'humidité, c'est-à-dire que, dans notre contrée, l'air arrive en moyenne à plus des deux tiers de saturation, mais pas tout-à-fait aux trois quarts. On sait, au reste, que l'humidité va en augmentant à mesure qu'on se rapproche des bords de la mer.

Pression atmosphérique —La moyenne pression barométrique annuelle est de 760^{mm},12.

A Paris, la hauteur moyenne du baromètre est moindre qu'à Abbeville: elle est de 756^{mm},03.

Ozone. — La quantité d'ozone à Abbeville, suivant les saisons, est de: 2,3 pendant l'hiver, 1,8 au printemps, 2,0 en été, et 1,6 en automne. On remarque, en outre, que la quantité d'ozone va toujours en augmentant de novembre à février, époque où elle atteint son plus grand maximum, tandis qu'elle diminue en septembre, époque où elle atteint son plus grand minimum.

REMARQUES

MIGRATION DES OISEAUX

Nous terminerons la climatologie d'Abbeville par quelques remarques sur la migration des oiseaux qui se trouve naturellement liée aux variations atmosphériques de notre climat.

Dans le tableau n° I, nous avons réuni la plupart des oiseaux qui séjournent plusieurs mois dans notre pays, en ayant soin d'indiquer les époques moyennes de leur arrivée et de leur départ, ainsi que les températures moyennes correspondant à ces diverses époques.

Dans le tableau n° II, nous avons groupé les oiseaux de passage, en indiquant l'époque moyenne de leurs passages dans nos plaines, dans nos marais ou sur nos côtes.

TABLEAU I. — Migration des oiseaux.

	Date de l'arrivée	Tempér. moyenne de l'arrivée.	Date du départ.	Tempér. moyenne du départ.
BERGERONNETTE GRISE.	premiers jours de mars.	4°0	du 15 au 25 octobre.	9°6
RALE D'EAU	en mars.	5,3	novembre et décembre.	4,8
COLOMBE TOURTERELLE.	fin de mars	6,5	septembre.	14,0
TRAQUET TARIER.	Id.	6,5	octobre et novembre	8,3
POUILLOT FITIS	Id.	6,5	fin d'août, premiers jours de septembre.	14,9
FAUVETTE GRISETTE	Id.	6,5	septembre.	14,0
BRUANT ORTOLAN.	fin de mars, quelquefois aux prem⁏⁏ jours d'avril.	6,5	Id.	14,0
BRUANT DES ROSEAUX.	premiers jours d'avril.	7,2	fin septembre ou premiers jours d'octobre.	12,5
FAUVETTE A TÊTE NOIRE.	Id.	7,2	fin septembre.	12,5
HUPPE VULGAIRE.	Id.	7,2	septembre.	14,0
RUBIETTE ROSSIGNOL. Vulg. *Rossignol*	1er au 15 avril.	7,4	Id.	14,0
HIRONDELLES.	Id.	7,4	octobre	10,1
BUZARD MONTAGU	15 avril.	7,7	prem⁏⁏ jours de septembre.	14,8
ROUSSEROLLE TUBOÏDE. Vul. *Fauvette, Rossignol des marais.*	Id.	7,7	fin septembre	12,7
ŒDICNEME CRIARD. Vulg. *Courlis de terre*	en avril.	8,8	novembre.	6,3

6.

	Date de l'arrivée.	Tempér. moyenne de l'arrivée.	Date du départ.	Tempér. moyenne du départ.
Hippolais luscinicole.	en avril.	8°8	août.	16°3
Pie-grièche rousse.	Id.	8,8	Id.	16,3
Locustelle tachetée.	Id.	8,8	octobre	10,1
Chevalier guignette.	Id.	8,8	septembre.	14,0
Coucou gris.	fin d'avril.	10,8	Id.	14,0
Rubiette rouge-gorge (1).	Id.	10,8	octobre	10,1
Gobbe mouche gris.	Id.	10,8	septembre et octobre.	12,2
Rale Marouette.	Id.	10,8	en hiver.	3,1
Pipi des arbres.	Id.	10,8	fin d'octobre	8,4
Bergeronnette printanière.	Id.	10,8	fin sept. prem^{rs} jours d'oct.	12,5
Rousserolle effarvatte. Vulg. Bec-fin des roseaux	Id.	10,8	fin d'août.	15,4
Phragmite des joncs. Vulg. Fauvette des joncs	Id.	10,8	sept. prem^{rs} jours d'octob.	12,13
Loriot jaune.	Id.	10,8	fin d'août, prem^{rs} j. de sept.	15,2
Rale de genêt	fin avril, prem^{rs} j. de mai.	10,8	sept. oct. quelquefois nov.	11,4
Traquet motteux. V. Cul-blanc.	Id.	10,8	septembre.	14,0
Martinet noir.	1er au 15 mai	11,4	premiers jours d'août.	16,0
Engoulevent	Id.	11,4	fin sept. prem^{rs} j. d'octob.	12,13
Perdrix caille	en mai	12,1	fin septembre et octobre.	12,3
Pluvier a collier interrompu.	au printemps.	8,7	hiver	3,11
Héron blongios.	Id.	8,7	octobre	10,2

(1) Une partie de ces oiseaux est sédentaire.

	Date de l'arrivée.	Tempér. moyenne de l'arrivée.	Date du départ.	Tempér moyenne du départ.
Chouette hulotte.	au printemps?	8°7	on croit qu'elle émigre en hiver ?	3°11
Epervier ordinaire (1).	Id.	8.7	en hiver.	3,1
Epervier autour	en automne.	10,2	Id	3,1
Corbeau mantelé	en octobre	10,2	fin de mars.	6,5
Corbeau freux	en automne et en hiver par les grands vents N.-E.	3,3	quelques-uns émigrent en mars	5,3
Roitelet huppé.	en octob. séjourne l'hiver.	10,2	avril	8,8
Chardonneret-tarin	en automne.	10,2	en mars	5,3
Goeland argenté.	Id.	10,2	hiver	3,1
Pigargue ordinaire.	fin d'automne.	6,7	en févr. ou premⁱⁿ j. mars.	3,9
Pinson des Ardennes.	hiver	3,1	février	3,3
Merle litorne.	hiver, aux premières gelées	— 0,0	mars	5,3
Colombe ramier. Vulg. *Pigeon ramier*.	février.	3,3	octobre et novembre.	8,2
Canard ridenne.	on le rencontre ici en nov., déc. et fév., quelquefois même en mars	4,3	fin d'avril.	10,8
Fuligule macreuse.	à l'époque des gelées.	— 0,0	fin d'août	15,2

(1) Quelques-uns sont sédentaires.

TABLEAU II. — Oiseaux de passage.

Époque moyenne du passage.

PLUVIER DORÉ. . . . . de passage régulier en mars et avril;
puis en automne, en octob. et nov.

BARGE COMMUN . . . . de passage en mars et avril; puis en
septembre et octobre.

COMBATTANT. . . . . . de passage régulier au printemps et en
automne sur nos côtes.

SIZERIN CABARET. . . . de passage périodique au printemps et
en automne.

CHEVALIER BRUN. . . . de passage périodique au printemps et
en automne.

FULIGULE MORILLON. . de passage périodique au printemps et
en automne.

FULIGULE NYROCA . . . de passage périodique au printemps et
en automne.

FULIGULE MILOUIN . . de passage périodique au printemps et
en automne.

CHEVALIER ABOYEUR. . de passage au printemps, puis vers la
fin de l'été.

CHEVALIER CUL-BLANC. de passage au printemps, puis vers la
fin de l'été.

BÉCASSE BÉCASSINE. . de passage régulier: d'abord en mars,
puis en juillet et octobre.

CANARD SARCELLE. . . de passage périodique au printemps et
en automne.

MARLE BIÈVRE. . . . . de passage sur nos côtes au printemps
et en automne.

CORMORAN ORDINAIRE . de passage sur nos côtes au printemps
et en automne, quelquefois en hiver.

Époque moyenne du passage.

PLUVIER GUIGNARD. . . de passage régulier en mai et août

VANNEAU SUISSE . . . passage régulier en mai, juillet, août
et septembre.

VANNEAU HUPPÉ. . . . de passage régulier au printemps et en
automne.

COURLIS CENDRÉ. . . . de passage régulier au printemps et en
automne.

BÉCASSE MAJOR. Vulg.
Bécassine double . . en avril et au mois d'août.

BÉCASSE ORDINAIRE . . au printemps et vers la fin d'octobre.

STERNE PIERRE GARIN. de passage régulier aux mois de mai et
d'août.

GOELAND BRUN. Vulg.
Mouette à piedsjaunes de passage sur nos côtes dans les mois
de mai, août, octobre et novembre.

CYGOGNE BLANCHE. . . de passage régulier fin d'août, 1er septembre ; repasse en mars et avril, se
dirigeant vers le Nord.

GRÈBE HUPPÉ . . . . . de passage sur nos côtes en avril, mai,
octobre, novembre et décembre.

CANARD SIFFLEUR. En
picard *Woigne* . . . de passage en octobre; repasse en
février ou les premiers jours de mars.

HIBOU BRACHYOTE. . . de passage régulier dans les mois d'octobre et de novembre.

HÉRON BUTOR . . . . . de passage régulier en automne et en
hiver.

CANARD SOUCHET. En
picard *Rouge*. . . . de passage régulier : 1re fois vers la fin
d'octobre, 2e fois fin de février, et
même quelquefois en mars.

BOUVREUIL VULGAIRE . de passage régulier dans les mois de
décembre et de janvier.

Epoque moyenne du passage.

GUILLEMOT TROILE. . . de passage sur nos côtes à la fin de l'hiver.

OIE VULGAIRE . . . . . de passage périodique en automne et en hiver.

OIE BERNACHE. Vulg.
Oie nonette . . . . . de passage régulier en novembre, décembre et janvier, surtout dans les froids rigoureux.

PINGOUIN TORDA. En picard *Gaude*. . . . de passage régulier sur nos côtes surtout en hiver et aussi au commencement de l'automne.

BRUANT DE NEIGE . . de passage annuel avec les froids.

CYGNE SAUVAGE. . . . de passage périodique en hiver.

EXPLICATION DE LA PLANCHE Ire

—

Courbes thermométriques. — La planche Ire représente graphiquement la marche de la température dans l'année moyenne. Sur des verticales équi-distantes représentant les mois, on a porté des longueurs proportionnelles aux températures observées dans chaque mois. Ces longueurs sont comptées à partir d'une ligne horizontale qui indique le zéro du thermomètre. Chaque division (égale à 5 millimètres) comptée sur l'axe des ordonnées représente un degré de température. La courbe noire du milieu fait connaître la marche de la température moyenne, les courbes ponctuées supérieure et inférieure se rapportent aux températures extrêmes de chaque mois, et les verticales comprises entre ces deux courbes sont précisément les oscillations mensuelles.

EXPLICATION DE LA PLANCHE II

—

COURBES BAROMÉTRIQUES. — La planche II est la représentation graphique de la marche du baromètre dans l'année moyenne à Abbeville. Sur des verticales équi-distantes représentant les mois, on a porté des longueurs proportionnelles aux hauteurs barométriques observées dans chaque mois. Ces longueurs sont comptées à partir d'une ligne horizontale marquée d'un O correspondant à la hauteur barométrique moyenne 760 millimètres, et pour que les variations paraissent plus sensibles, chaque millimètre de la colonne barométrique est représenté par une hauteur de 5 millimètres. Les courbes qui réunissent les extrémités des ordonnées font voir d'un seul coup-d'œil la marche du baromètre dans l'année moyenne. La courbe noire du milieu fait connaître la hauteur barométrique moyenne dans l'année moyenne, les courbes ponctuées supérieure et inférieure indiquent les hauteurs barométriques extrêmes de chaque mois, et les verticales comprises entre ces deux courbes sont les oscillations mensuelles.

EXPLICATION DE LA PLANCHE III

—

Fig. 1re. COURBES UDOMÉTRIQUES.— La courbe représente en grandeur naturelle la quantité de pluie tombée chaque mois. Sur des verticales équi-distantes représentant les mois, on a porté des longueurs proportionnelles aux quantités d'eau tombée exprimées en millimètres. Chaque division (égale à un millimètre) comptée sur l'axe des ordonnées représente un millimètre d'eau tombée.

Fig. 2. ROSE DISTRIBUTIVE DES VENTS. — Pour représenter graphiquement la fréquence et la direction des vents, nous avons porté sur les directions des huit vents principaux des nombres proportionnels à la fréquence de chacun d'eux. Ainsi, après avoir tracé la rose des vents, nous avons porté sur la ligne N une longueur égale à 8 unités (l'unité étant égale à 1 millimètre 1/2), 16 sur le nord-est, 8 sur l'est, 10 sur le sud-est, 10 sur le sud, 18 sur le sud-ouest, 14 sur l'ouest et 16 sur le nord-ouest. Puis, ayant réuni les extrémités de toutes ces lignes par des droites, nous avons formé un polygone qui nous a donné d'une manière exacte la rose distributive des vents.

Fig. 3. COURBES HYGROMÉTRIQUES. — La figure 3 représente graphiquement la marche de l'humidité dans l'année moyenne à deux heures après-midi.

TABLE DES MATIÈRES

TEMPÉRATURES MENSUELLES
A ABBEVILLE
1840 à 1860.

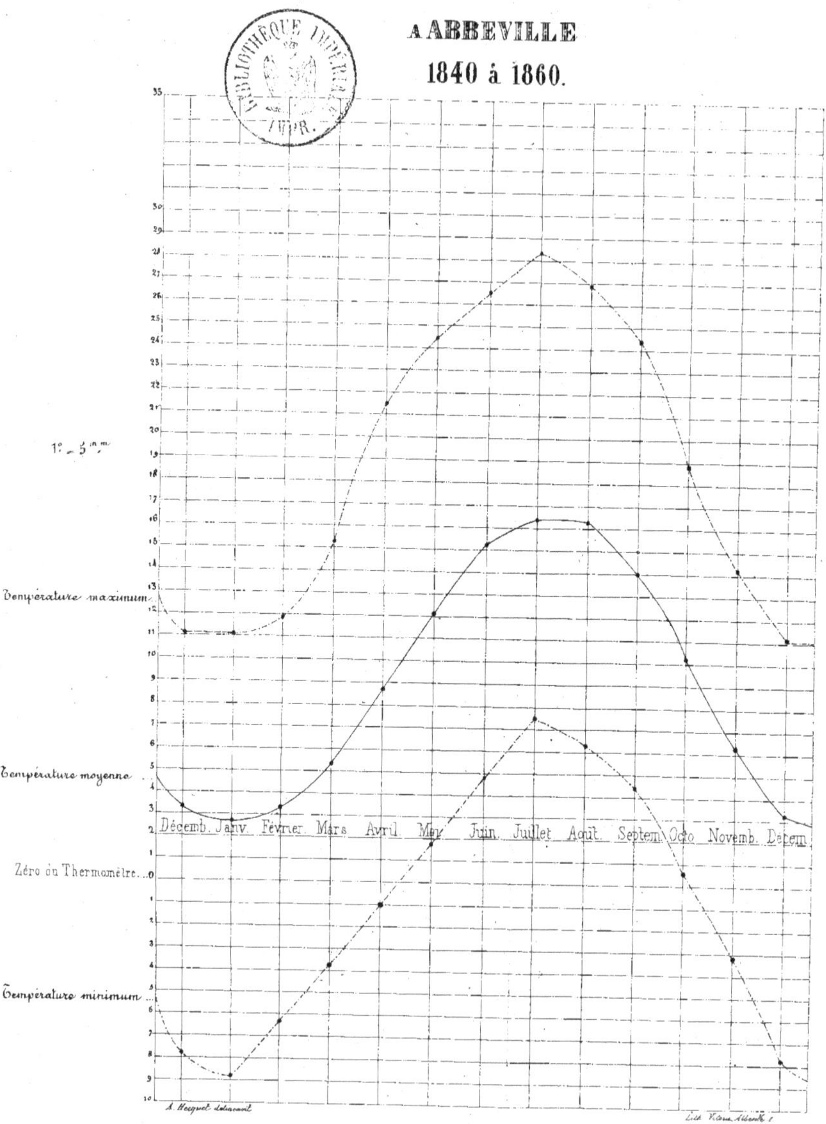

Echelle. — Chaque division comptée sur l'axe des ordonnées représente un degré de Température, (un degré = 5 millimètres).

VARIATIONS MENSUELLES DU BAROMÈTRE

A ABBEVILLE

1840 à 1860.

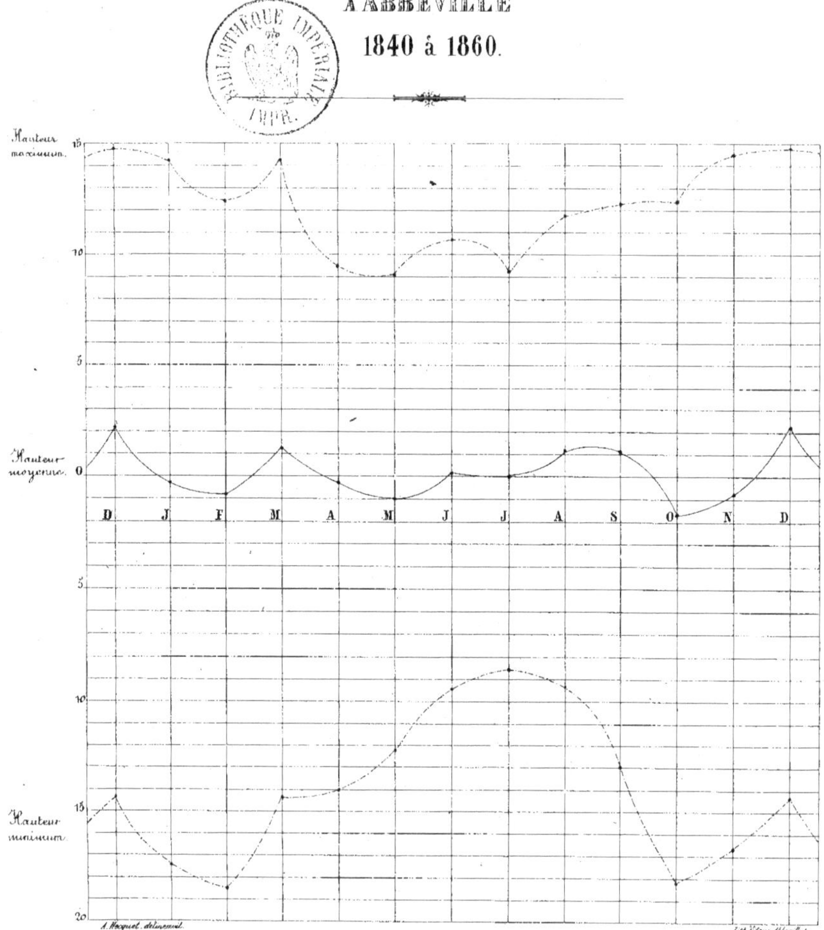

Fig. 1. Pluies mensuelles à Abbeville.

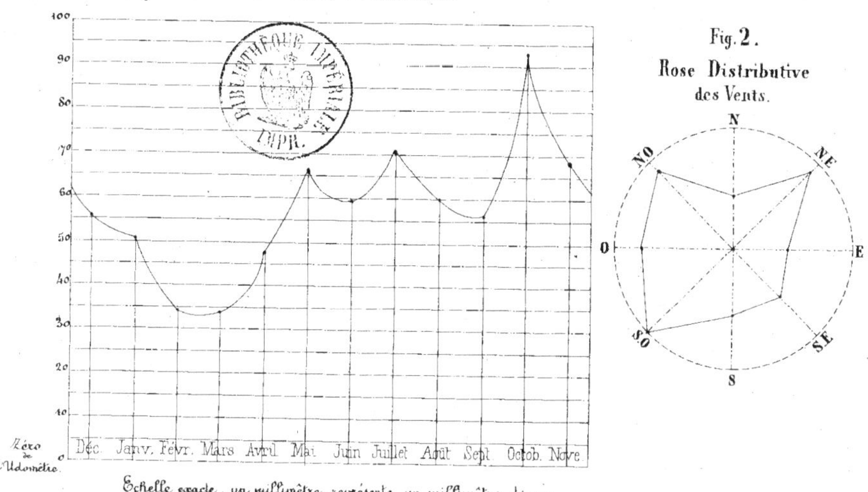

Echelle exacte, un millimètre représente un millimètre d'eau.

Fig. 2.
Rose Distributive des Vents.

Fig. 3. Humidités mensuelles. (1 Millimètre pour 1°)

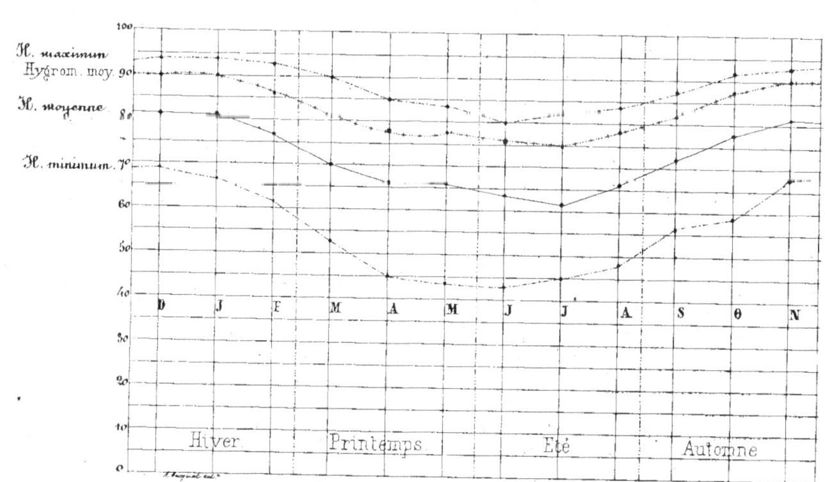

www.ingramcontent.com/pod-product-compliance
Ingram Content Group UK Ltd.
Pitfield, Milton Keynes, MK11 3LW, UK
UKHW020018100726
13658UKWH00002B/965